"京科惠农"大讲堂
农业技术专题汇编

于 峰　罗长寿　孙素芬　主编

中国农业科学技术出版社

图书在版编目（CIP）数据

"京科惠农"大讲堂农业技术专题汇编 / 于峰，罗长寿，孙素芬主编 . — 北京：中国农业科学技术出版社，2020.10

ISBN 978-7-5116-5005-4

Ⅰ . ①京… Ⅱ . ①于… ②罗… ③孙… Ⅲ . ①农业科技推广 Ⅳ . ① S3-33

中国版本图书馆 CIP 数据核字（2020）第 172466 号

责任编辑	徐　毅
责任校对	贾海霞
出 版 者	中国农业科学技术出版社
	北京市中关村南大街 12 号　邮编：100081
电　　话	（010）82106631（编辑室）（010）82109702（发行部）
	（010）82109702（读者服务部）
传　　真	（010）82106650
网　　址	http://www.castp.cn
经 销 者	各地新华书店
印 刷 者	北京建宏印刷有限公司
开　　本	710 mm×1 000 mm　1 /16
印　　张	17.5
字　　数	300 千字
版　　次	2020 年 10 月第 1 版　2020 年 10 月第 1 次印刷
定　　价	150.00 元

编者说明

"京科惠农"大讲堂汇聚了一批理论基础扎实、实践经验丰富、具有良好群众基础的农业专家,其中,不乏科研推广一线的知名专家和农业工作一线的技术干部,他们熟悉农村工作,可将复杂的农业技术问题用通俗易懂的方法进行讲授。直播课程播出后受到农业技术人员、农民和农业企业人员等的一致欢迎,很多观众留言希望能够获得相关讲解材料进行进一步深入学习。

本书以农业技术推广和科普为主要目标,对"京科惠农"大讲堂的部分专家直播内容进行了整理汇编,通过图文并茂的形式,力求内容通俗易懂。本书共分7个专题,分别是蔬菜专题、果树专题、养殖专题、土肥专题、粮经专题、食用菌专题和其他类专题,其中每篇内容包括课程主题、专家简介、专家照片、视频链接(二维码)、专题正文、图片、现场问答等。鉴于编者技术水平有限,书中不尽如人意之处在所难免,敬请各位同行和广大读者批评指正!

读者可以扫描以下二维码进入"京科惠农"大讲堂的主页查找相关专题视频。

课程视频二维码

目录 Contents

● 蔬菜专题 ●

● 果树专题 ●

● 养殖专题 ●

•土肥专题•

•粮经专题•

•食用菌专题•

•其他类专题•

蔬菜专题

封闭式无土栽培新系统和高糖度番茄生产

‖专家介绍‖

　　刘明池，博士，北京市农林科学院蔬菜研究中心研究员，农业农村部都市农业（华北）重点实验室副主任，中国园艺学会设施园艺分会副会长，2010年入选北京市新世纪百千万人才。

　　主要从事设施蔬菜优质高产的研究工作，对蔬菜节水、蔬菜优质高产栽培技术有较深入的研究；带领团队以不再使用草炭土等不可再生资源和建立生态可持续新技术前瞻性研究为目标，研发出营养液无基质育苗系统、果菜生态槽培封闭式无土栽培系统和安心韭菜水培系统，在全国率先建立起适合中国国情的节水节肥、高产高效、封闭零排放设施蔬菜生态栽培系统。课题组2000年开始开展高糖度番茄研究，在国内首次确定了番茄产量和品质兼顾的限根栽培和亏缺灌溉调控技术，将可溶性固形物从5%提高到8%以上，建立了适合我国国情的"产量和品质兼顾"的高糖度番茄栽培模式，系统开展果菜类品种、水、肥、激素等8个农艺因子对品质和芳香物质形成的影响规律研究，阐明了蔬菜果实芳香物质形成的机理。

　　先后主持了国家与北京市重大科技项目等20多项。在国内外已发表研究论文60余篇，独立著书1本，参著4本；获北京市科技进步二等奖1项，北京市农业技术推广一等奖1项，国家发明专利3项、实用新型专利5项。

课程视频二维码

一、我国设施农业发展现状和无土栽培需求

(一)设施蔬菜产业现状

最新数据表明，2019年全国蔬菜播种面积3.13亿亩（1亩≈667m²下同），蔬菜产量达7.21亿t。我国人均蔬菜占有量接近400kg，远超过世界人均126.8kg，已经解决了人民的周年吃菜问题。以前我国工作重点是首先解决蔬菜欠缺和周年供应问题，研究成果多是"大肥、大水"管理；"大水、大肥"虽然提高了产量，但明显造成蔬菜产品风味降低、品质较差及环境污染等问题。随着人们生活水平的提高，消费者对蔬菜产品质量、风味、营养和安全提出了更高要求。在这种情况下，我国蔬菜产业已开始由追求数量、保供应向追求品质、满足人们美好生活需求转变。因此，设施农业提质增效和轻简安全将是蔬菜产业发展的方向。

(二)设施农业可持续发展需解决问题

设施农业集约发展需要解决10个问题，主要包括：①环境调控能力不足，简易设施逆境（低温、弱光、高湿、亚健康）。②土壤连作障碍严重，生态问题突出。③生产效率普遍较低。④比较经济效益越来越低，投资回报率。⑤规模化机械化程度低。⑥鲜活农产品价格。⑦优质优价，社会诚信体系。⑧从业人员后继无人。⑨市场风险大，社会科技服务体系。⑩市场流通渠道需重建，现代农业品牌构建。

(三)设施农业可持续发展3个矛盾和创新引领

设施农业可持续发展有3个矛盾和误区，第一，原来认为设施绝对不加温，因此带来的低温逆境时间长。不像荷兰和日本等发达国家，每年能耗成本大概占10%以上，主要燃烧天然气进行增温、排湿气、补充二氧化碳。第二，鲜活农产品价格过低，带来的利润低，经济效益差，使设施农业建设投入低，环境调控能力不足。第三，大肥大水超高产模式带来的生态环境问题突出，与荷兰等欧美国家采用的封闭式无土栽培模式是2个方向。

二、国内外设施无土栽培技术发展比较和特征

(一)荷兰

在设施农业发展方面，荷兰是走在前列的。我国从1994年以来，逐渐将荷兰大温室、高投入温室引进来。上海孙桥现代农业联合发展有限公司于1994年

成立时就引进荷兰种植模式，当时 2 年内由荷兰专家种植。在 2010 年对上海孙桥现代农业联合发展有限公司进行调研发现，荷兰的种植模式并不完全适合我国。公司的种植模式很多已经改变，说明荷兰种植模式投入过高不适应我国国情。在荷兰考察典型温室群时发现，因为荷兰的天气主要是阴雨天气比较多，可以看到温室可以进行补光和雨水收集，每个温室企业都是发电企业，通过燃烧天然气进行发电，为温室供热，同时，产生的二氧化碳作为气肥使用，大大降低了设施的投入。而我国温室加温需要其他公司，使用二氧化碳气肥也需要额外投入。荷兰农业的另一大特点是每个环节都有专业公司来做，如专做水肥一体化的 Priva 公司，占欧洲 60% 以上的份额，水肥一体化和环境控制在全世界比较先进。FormFlex 公司专门制作栽培床，钢板制作得很轻。另外，无土栽培的岩棉有专业机构进行回收制作透气砖，我国没有回收只能作为废物处理，秸秆也有统一公司进行回收处理，保障田园清洁。因为按照重量收费，一般提前 2 周即割断植株的根风干减重。

（二）西班牙

西班牙不同于荷兰，荷兰一般是高投入高产出，西班牙是以塑料大棚为主体，采用水肥一体化的模式，利用适应设施的专用品种进行生产。产量高，风味低，适合做沙拉、三明治等。

（三）日本

日本栽培模式与欧洲不同，强调产量的同时，强调品质更多一些，是典型的亚洲栽培模式和习惯。在我国也一样，设施栽培中有春秋两茬。日本栽培番茄为追求产量，每平方米 7 株，我国每平方米大约是 4 株或 5 株。日本每株只留 3~4 穗果，在植株年轻的时候保障产量，大大减少了病虫害发生的压力，也减少了后期大量的人工投入。在日本，也有一年一大茬的 10 个月生产试验，这种模式对技术人员要求较高，10 个月中只要一个环节出现问题，整个都要浪费掉了。温室生产中另一个问题就是病虫害问题，尤其病毒病较多，我国温室主要建立在遮阳降温开放式的温室环境，国外的最新温室开始推广正压温室，即温室内的空气可以排放，外面的空气不能进入温室。日本叶菜类生产，采用工厂化生产体系。日本设施农业中的最高体系植物工厂，有的高达 10 多层，对抗灾减灾起到一定的作用。

三、北京市蔬菜研究中心封闭式无土栽培新系统进展

我国无土栽培面积很小，大约占设施面积的1%。我国设施主要是砖砌起来，利用草苫比较多。也有袋培的形式，但都是开放式的，营养液会排放到周边环境。荷兰采用封闭式的，如岩棉培，多余的营养液会通过岩棉回收到营养液罐中去。但也有一些问题，如原液见光容易产生绿苔，绿苔对消毒有一定的压力。针对以上问题，蔬菜中心经过10多年的研究，开发出了一种封闭式无土栽培系统，营养液可以全部循环利用。

（一）封闭式生态槽培新系统

北京市农林科学院通州基地进行了十几年的研究示范展示。第一个特点就

封闭式生态槽培新系统

是营养液可循环利用，因为是封闭式的。第二个特点是全部实现了国产化，从栽培系统到营养液调控，所有设备国产化。成本只有荷兰的1/2，比较适合我国的生产。通过封闭式无土栽培的番茄，春季可长18~20穗果，这种水肥调控下，每1穗果都很均匀一致，一方面每1盆每1株长势一样；另一方面是每1植株上每1穗果长势一样，体现了

无土栽培的水平。

封闭式循环番茄生态槽培系统6个创新点如下。

（1）封闭。营养液全程均在管路中，不暴露在环境中，减少了污染。

（2）循环。通过对栽培槽和循环系统的设计，实现了营养液的回收循环再利用。

（3）生态。栽培基质使用珍珠岩，不再使用草炭短期不能再利用的材料。营养液不对外排放，节水节肥，解决土壤连作障碍。

（4）槽培。自主设计内部过滤装置，减蒸盖板，组装方便。

（5）直接使用地下水营养液配方。

（6）特殊无机基质和简易灌溉技术，实现根部温、气、水、肥最优化，高产优质。

（二）弓背式管道培新系统

弓背式管道培新系统，目前主要用于研究使用，此处不多做介绍。

（三）无基质营养液育苗新体系

育苗使用的主要是穴盘育苗，北京市蔬菜研究中心（简称蔬菜中心）在 20 世纪 80 年代将美国穴盘育苗技术引进来，对穴盘育苗进行了推广示范，经过几十年的发展，穴盘育苗的

弓背式管道培新系统

优点很突出，减少了人力物力投入，推动育苗标准化。经过研究，穴盘育苗仍有一些需要改进的地方。一是穴盘基质调配和养分调控难度大，因为穴盘育苗的基质种类很多，不同基质的理化性质差异很大，所以，基质的调配和营养的调控难度较大。二是水分调控难度大，因为穴盘育苗多采用有机或者无机基质，不同基质透气保水性能不同，穴盘体积小基质水分含量不易调控。三是穴盘育苗主要利用草炭，是不可再生资源。随着我国加入世界湿地公约，草炭开采会逐渐受到限制，价格会上涨。为解决以上问题，开发了无基质水培育苗系统。

水培育苗栽培系统，整个温室穴盘营养液是一体的，可以从东流到西，从西流到东，容易调控营养、水分、温度等均匀一致。有了这样的优点，育苗也会均匀一致。由于创造了养分均匀一致的生长环境，苗木比较健壮，还可以缩短育苗时间，番茄可以缩短 5~7 天。系统营养液可以循环利用，在冬季，营养液可以进行加温。

水培育苗栽培系统

根据文献资料，加温营养液的成本是加温空气成本的 1/3。通过营养液控制根部营养液，不同作物使用专用的营养液配方，实现水、营养的专一供应，实现科学的基础供应。由于使用的是封闭式系统，营养液可循环，育苗后的营养液种植生菜，吸收掉多余的营养。由于生菜没有实现优质优价，不适合市场，于是找到了适合优质优价的蔬菜——韭菜。

（四）安心韭菜工厂化生产系统建立

水培育苗栽培系统由于使用的是封闭式系统，营养液可循环，育苗后的营养液种植生菜，吸收掉多余的营养。由于生菜没有实现优质优价，不适合市场，因

安心韭菜工厂化生产系统

水培韭菜根系

连栋温室水培韭菜长势情况

此，找到了适合优质优价的蔬菜—韭菜。自2012年开始，蔬菜中心开始做水培韭菜的研究。韭菜深受大众喜爱，作为多年生的作物，会出现跳根现象，韭蛆很难控制，一开始想通过栽培系统是否能解决韭蛆的问题，为大家提供安心的韭菜，也能够实现优质优价。韭菜耐寒不能越夏，经过试验，2012年、2013年、2014年实现了一次播种多年生产，系统既耐寒又耐高温。水培育苗系统研发成功后，应用在水培韭菜的生产。

经过在大兴大东日光温室进行示范，长势非常好。韭菜生长好坏，主要是靠根系。水培系统的根系是白色的，对水肥吸收效果更好。由于完全是水培，韭蛆不能在水中生长，所以，系统避免韭蛆的为害，生产的韭菜也可以放心，所以，称之为安心韭菜。

以上是水培韭菜在日光温室生产的情况，另外，在大兴公司的一座废旧连栋温室，透光性较差，在原有架构基础上建立了水培韭菜栽培系统，实现了一次播种进行4—5年的生产。

水培韭菜委托第三方公司进行了专业检测，由于没有使用过农药，肯定是不可能检测出农药的，检测结果

50 项检项均未检出，是名副其实的安心韭菜。可以作为高端精品满足人们对安全蔬菜的需求。为此，蔬菜中心设置了一个 AA 标志的安心安全韭菜生产系统，在北京市郊区和全国进行了大面积推广。

安心韭菜

为了降低成本，蔬菜中心将水培韭菜生产系统，由原来的育苗系统改成漂浮板系统。通州基地进行了试验，如下图左图为架培，右图为漂浮板培育，长势很不错。一次播种，生长 3—4 年，推荐 3 年进行更新，在大兴礼贤一个园区，最长长到了 5 年。播种后主要工作是水肥管理，减少了除草、耕地等各方面工作管理，是省时省力的种植形式。

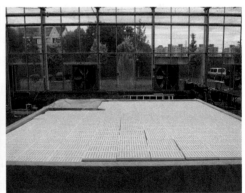

架培（左）与漂浮板水培（右）韭菜系统比较

（五）技术标准化，推广模式化

蔬菜中心 4 个无土栽培系统研发成功后，自 2014 年起，在北京通州基地进行示范展示，不同时期各级领导和同仁进行观摩指导，科技日报、农民日报都进行了特别报道。中心针对无土栽培系统进行了技术标准化，推广模式化推广，并制作了一套安装的PPT。根据PPT指导可进行自主安装，每个环节都有不同的标准和要求，模块化，减少安装的失误。栽培槽底部有回收营养液的装置，栽培槽上有一隔板，上边加一播种纸，起到过滤作用。系统使用珍珠岩，选择特殊的发泡倍数以适合基质栽培。系统独特设计实现了营养液循环利用。研究中发现，系统对水分调控的要求不高，如果营养液浇得过多，能够快速地回到营养液池，同时，珍珠岩有一定的吸附能力，能够维持一段时间的营养需求。因此，本技术半傻瓜化，具有简便易行的特点。在全国各地得以推广，特别在新疆阿克苏地区推广面积较大。系统本身对盐碱地和不适合进行土壤栽培的地区是非常适用的。中央电视台第七套农业节目《科技苑》栏目以"两层楼高的番茄秧"为题对番茄封闭式槽培技术进行了报道，以"把韭菜种在水里"为题对水培韭菜进行了报道。

四、我国发展无土栽培的思考与建议

经过10多年的科研工作，对无土栽培技术进行了思考，以下为这项工作的建议和注意事项。众所周知，荷兰模式为高投入高产出，大果番茄 $60~70kg/m^2$（11个月）、补光 $70~80kg/m^2$、黄瓜 $80~90kg/m^2$（2~3茬）、串收樱桃番茄 $40~45kg/m^2$、补光 $50~55kg/m^2$。无土栽培用水量需要 18~20L，无土栽培营养液可循环利用，能够达到节水节肥。如何作出适合我国国情的无土栽培技术是科研工作者和生产科技工作者一直思考的问题。我们蔬菜中心在完成北京市科委项目的研究过程中，2015年、2016年，达到亩产3万kg，采用的方式是一年两茬，新研发的封闭式无土栽培番茄每千克耗水量是18~19L，是节水节肥的。

为什么提倡一年两茬？中心曾进行了越冬、越夏的2个方面试验。蔬菜中心的温室是全国第一个散射光玻璃温室，能够减少夏天强光照射。在北京地区7月还可以有果实，8月特别热的时候很难形成果实，很难越夏。越冬没问题，但冬季加温成本过高，因此，不提倡一年一大茬的种植模式，所以，建议一年两茬种植。在北京地区使用连栋温室进行果菜越冬生产，加温能耗占全年温室能耗的比例最高，达到84.4%；其次是补光能耗，占总能耗的7.9%；夏季降温能耗占比3.2%，灌溉能耗占比不到1%，其他控制设备耗能占3.8%。我们试验温室采用的是地源热泵系统加温，运行成本已经大大降低，如采用传统方式加热，运行成本势必会更高。维持温室适宜温、光条件的能耗占温室全年能耗的90%以上。冬季能耗过高，夏季降温难度大是导致我国华北地区难以利用荷兰栽培模式进行果菜长季节栽培的主要环境制约因素。夏季，在湿帘降温系统高负荷运转的情况下，7—8月白天平均温度达到28.4~30.8℃，最高平均温度达到33.6~41.4℃，通过湿帘降温系统无法获得番茄生长适宜温度条件，导致病害频发，通过对北京市气候与荷兰气候比较发现，北京市更适合一年两茬的栽培模式，北京市季风气候，春夏比较明显，适合番茄生长的时间较短。荷兰属于温带海洋气候，荷兰虽无极端低、高温天气，降水充足，但全年光照不足，日照时数明显偏低，这是限制其农业发展的不利条件。比较结果发现，荷兰的气候基本在适合番茄生长的区域里，而北京市冬季需要加热，夏季需要降温，只有4%区域在适合范围之内，因此，对于生产来说，能源消耗是比较强大的，所以，强调采用一年两茬的栽培模式。针对无土栽培发展，首先要找到适合我国无土栽培的系统，特别要找到适合我国无土栽培的模式，都是非常关键的。推荐一年两茬的模式，可以通过育大苗、增加密度等提高产量。

五、高糖度番茄生产新技术

为提高连栋温室收入，我国农产品效益比较低，即进行高品质蔬菜的生产——高糖度番茄生产新技术。番茄属于果菜类代表，既可生吃，也能熟食，特别在我国有生吃的习惯。一般大果番茄糖度是5%~5.5%，通过高糖度番茄生产技术生产的番茄糖度可以达8%以上，称之为高糖度番茄。

2000年我们团队获得国家自然科学基金"调亏灌溉提高番茄果实口感和风味作用机理研究（30471185）"项目，2003—2008年连续2个北京市自然科学基金项目（6062010）资助资助。经过20年的研究工作，在国内首次确定了番茄产量和品质兼顾的限根栽培和亏缺灌溉调控技术，将可溶性固形物从5%提高到8%以上，建立了适合我国国情的"产量和品质兼顾"的高糖度番茄栽培模式。并深入开展果菜类品种、水、肥、激素等8个农艺因子对品质和芳香物质形成的影响规律研究，阐明了蔬菜果实芳香物质形成的机理。

进入20世纪70年代，随着世界性水资源危机的更加突出，近几年国外的一些研究者在传统节水理论的基础上，广泛地开展了有限水量条件下灌溉水的优化管理，开始为尝试开发新的灌水管理理论研究提出了许多新的概念与方法，如限水灌溉（limited irrigation、非充分灌溉（unsufficient irrigation）、亏缺灌溉（deficit irrigation）、调亏灌溉（regulated deficit irrigation）。采用新技术主要是迎合市民对番茄口感、风味的需求，对限根栽培、调亏灌溉进行整体集成，结果表明，下图左图为正常番茄果实，下图右图为调亏灌溉高糖度番茄果实，明显看出调亏灌溉后，番茄果实形成了一个绿肩，是由于水势增加和生长势增加产生典型特征。

正常果实（左）与调亏灌溉后（右）果实对比

任何事物都是一分为二的，高度番茄口感丰富，但另一个问题是果实会变小，产量会降低，该如何克服？糖度达到 8% 以后，产量会损失 20%~30%。调亏灌溉新技术可将番茄中可溶性糖含量从 5%（普通灌水）提高到 8% 以上，其浓郁的番茄风味和口感得到人们的喜爱和高度评价。调亏灌溉还显著提高了水分利用率。番茄在正常水分管理的 75% 和 62.5% 时，水分生产率分别提高了 26.9% 和 37.9%，具有明显的节水效果。为控制高糖度番茄生产技术影响产量需要掌握以下 3 个技术要点：一是不同亏缺灌溉水平对番茄产量和品质的影响，控制在正常灌水的 50%~60%；二是控制亏缺灌溉开始时间，选择在第一穗果转色期间，果个基本定型，这样对第一穗果和第二穗果影响较小；三是适当加密栽培，比正常栽培增加 10%~15% 的适当密植措施，效果较好。这样建立起适合国情、品质和产量兼顾的栽培模式。

总结"产量和风味兼顾"番茄调亏灌溉节水模式技术要点如下。

（1）采用限根栽培槽培系统，准确调控水分和营养液。

（2）选择适宜品种，选择品质好、产量高、优质的大果，特别是适合鲜食番茄品种。

（3）选择调亏灌溉时期，采用定植后先给土壤以正常水分管理，在番茄1~3穗果大小都已坐果后再开始亏缺灌溉的技术路线，以减少亏缺灌溉对产量的影响。

（4）生产中可根据需要确定兼顾产量与品质的水分管理的平衡点。因此，生产中我们选择第一花序果实已膨大进入果色转白期后再开始亏缺灌溉，控制其土壤的灌水量在正常灌水量的60%~70%，以在提高果实的风味品质的同时，减少产量降低的幅度。

（5）适当增加密度，采用亏缺灌溉，植株体积减小，可比正常栽培增加10%~15%的密度。

（6）选择透光性能良好的日光温室。

（7）适时收获，应在番茄基本成熟变红时及时采收。

高糖度番茄的风味怎么样？在机理上进行了研究。将口感好不好分为5级，通过不同年龄的人进行品尝，感官评价结果，风味很浓厚。机理研究增加了蔗糖、葡萄糖、果糖含量变化研究。亏缺灌溉能提高果实品质机理主要是因为亏缺灌溉处理能提高果实中蔗糖转化酶的活性，进而提高葡萄糖和果糖的含量，而蔗糖含量降低。试验证明，蔗糖转化酶在番茄果实糖分的组成和含量中起着关键的作用，其活性增强能提高番茄的品质。渗透胁迫条件下果实的水势降低，果实中脯氨酸的含量增加，说明番茄果实糖度增加并不是由果实脱水引起的，而是植株对渗透胁迫的主动调节。脯氨酸、葡萄糖和果糖都是渗透胁迫期间重要渗透调节物质，通过植株对渗透胁迫的主动调节作用，它们的含量增加，保持了细胞膨压，提高了果实品质。

番茄的风味大家很关心，那么番茄具体是什么风味？通过质谱研究分析，番茄特征效应物的含量和种类增多，有200多种，主要的有30多种，经过亏缺灌溉，番茄可溶性糖含量从5%提高到8%后，主要醇类和酮类化合物种类逐渐增加，酯类数量比较稳定，烃类减少，使风味更浓厚。特别近年采用无土栽培的限根栽培，使高糖度番茄生产更有把握。其核心技术有3个：封闭式槽培新系统、三维调亏灌溉模式、高品质营养液调控技术。

目标糖度 7% 的栽培模式　　目标糖度 8% 的栽培模式　　典型限根槽培系统

六、问题解答

（一）无土栽培蔬菜是有机的吗？营养价值更高吗？

我国食品分为无公害食品、绿色食品和有机食品。无公害蔬菜生产是当时情况下为生产安全放心蔬菜的一个标准。后来又提出有机农业，有机农业是指在生产过程中不施用化肥，生产出了风味更浓且比较安全的蔬菜，但有机农业在生产中也有些问题，例如，长期使用鸡粪等有机肥会带来重金属，也未必是安全的，我们强调的是有机化的栽培模式。我国人口众多，蔬菜需求量比较大，如果过度强调有机农业，产量会很低。另外，我国有机农业不能完全按照欧洲模式生产，欧洲国土面积辽阔，可进行轮作休耕，而我国强调精耕细作，因此，不过多对有机农业进行推介。无土栽培模式是欧美国家推广的一种栽培模式，是安全的模式。众所周知，现代农业的一大贡献是找到了形成植物的氮、磷、钾、钙、镁等必须元素的营养，把植株吸收的营养放在水里后形成的无土栽培，使植株根部吸收的物质更可控，是安全的生产方式。生产产品的方向也是为大家生产更安全放心的蔬菜，与有机蔬菜生产方向是一致的，但途径不同。经过分析测定，无土栽培的蔬菜，如果再加上亏缺灌溉，营养是不低于普通种植的蔬菜，亏缺灌溉生产的蔬菜风味更浓。

（二）水培韭菜投资 1 亩大概需要多少钱？

水培韭菜系统是国外无土栽培成本的 50% 左右。推广面积较大的水培漂浮韭菜，在密云区有较大的生产。水培韭菜每平方米大概是 70~80 元，应该说投入比较低，而且投资一次可用 5—6 年，一次播种可生产 3—4 年。

（三）无土栽培的番茄不如自然生长的番茄好吃，是真的吗?

无土栽培高糖度番茄风味十分浓郁，现场品尝专家和代表都表示风味非常好。无土栽培番茄风味主要问题是怎样实现营养液配方的均衡供应以及营养液配方更专业，还有高品质番茄生产的营养液管理。通过更专业、标准化的栽培模式，可以生产出风味更浓的番茄。

（四）水培蔬菜出现早衰怎么办?

水培蔬菜为什么会出现早衰，主要原因是根系环境不适合，特别是水培条件下的植株容易出现早衰。每个植株生产水平一致以及每个植株上的每穗果生产一致是无土栽培好坏的两大标准。想创造出适合根系的环境条件，水培环境，一定要使根系营养液循环，防止水培当中的根系出现沤根，避免氧气不足，特别在夏季高温天气，一定要注意。

（五）无土栽培会不会导致一些病害快速传播?

无土栽培有优点，但也有一个技术上需要注意的问题，特别是水培，一定要注意根系病害。防止营养液循环利用过程中，造成根系病害传播。应加强营养液消毒和清洁。

蔬菜病虫害全程绿色防控技术体系及关键技术要点

‖专家介绍‖

李云龙，中国农业大学农学博士，北京市植物保护站蔬菜作物科科长，高级农艺师，北京市果类蔬菜创新团队病虫害防控功能研究室主任。主要从事蔬菜病虫害综合防治技术研究推广工作，在蔬菜病虫害诊断防控方面，积累了丰富的理论实践经验；在技术研发方面，共同研发出蔬菜病虫全程绿色防控技术体系，并在京津冀地区大范围推广应用；在蔬菜病虫专业化服务方面，制定了相关技术服务标准、管理办法等，并推动了蔬菜病虫专业化服务产业的快速发展。先后主持并参与完成市政府折子工程等项目40余项，获得全国农牧渔业丰收奖一等奖和二等奖、中华农业科技奖二等奖、大北农科技创新奖一等奖各1项；制定北京市地方标准2项；获得国家发明专利5项、实用新型专利21项、软件著作权4项、外观设计专利2项；编写或参编著作10部，发表科技文章37篇，包括SCI、EI收录4篇，学术期刊论文6篇。多次在中央电视台、北京市电视台等公共媒体进行科普宣传。

课程视频二维码

一、全程绿色防控体系推广的必要性

蔬菜品种多样，茬口复杂，发生的病虫害种类也非常多，据统计，蔬菜病虫害1 800余种，常发病虫200余种，必须防治的病虫50余种。近年来，正是由于番茄黄化曲叶病毒病、根结线虫病、靶斑病、韭蛆等疑难病虫害的发生，导致农户过量、不合理使用农药，致使农产品质量安全问题频频发生，如毒生姜、毒豇豆、毒韭菜等。

怎样更好地防控病虫害？在坚持"预防为主、综合防控"的基础上，还要做好源头控制的工作。所谓源头控制，首先要明确病虫害是从哪里来的，各个环节都做好控制，才能够起到更好的防控作用。蔬菜病虫害的来源，特别是棚室内的，主要有5个方面的来源：一是种子种苗；二是棚室表面；三是土壤；四是病残体；五是空气。北京市植物保护站在10多年试验研究和应用验证的基础上，提出了一套以病虫源头控制为核心，理化诱控、生物防治、生态调控、科学用药等有机结合的蔬菜病虫全程绿色防控技术体系。全程绿色防控覆盖蔬菜产前、产中和产后全过程，包括全园清洁、无病虫育苗、产前棚室和土壤消毒、产中综合防控和产后蔬菜残体无害处理。绿色防控技术要贯彻生产过程始终，重视每个防控环节，才能实现病虫害的有效防控，保持农业的可持续发展。

二、全程绿色防控技术措施具体要点

全程绿色防控技术包括4个关键环节，无病虫育苗技术（15项）、产前消毒预防技术（3项）、产中科学防控技术（16项）、产后残体处理技术（3项），要根据不同作物，不同病虫害发生实际情况，进行科学的选择和集成。

（一）无病虫育苗技术（15项）

1. 全园清洁技术

全园清洁也称为田园清洁，通过及时全园清洁，彻底清除病残体、杂草及生产废弃物，减少病虫初侵染来源，达到降低病虫发生概率和为害程度的目的。全园清洁具体内容包括种植前对整个园区进行全面清洁，即清除杂草、植株残体，集中回收废弃物等；生产期随时清除棚内摘除的病叶、病果，集中处理。做好园区环境的清洁是进行绿色防控的第一步，也是影响整体绿色防控技术效果的重要措施。

园区清理前后对比

2.选用抗耐病虫品种

购买种子时，一定要查看有无植物检疫证号，避免种子携带检疫病虫害。根据病虫发生特点，因地制宜选用耐、抗病优良品种。如针对番茄黄化曲叶病毒病，可选用北京市农林科学院近几年选育的京彩6、京番309等，抗根结线虫品种有京番308、京番309等，这些品种抗性和口感都比较好，农户可根据实际情况选用。

| 97% | 99% | 80% | 10% | 七个 |
| 作物种类：叶菜类－韭菜 | | | | 品 |

经营许可证号：（豫平）农种经许字（2007）第0001号
植物检疫证号：豫（平）检备字（2008）第（0002）号
种子质量检验员证号：豫企种检字第060246号
中华人民共和国商标注册号：第1229792号
生产、检验日期及批号：见封口处

植物检疫证号

3.种子消毒技术

（1）温汤浸种。针对种子可能传带真菌性病害问题，推荐采用温汤浸种方法进行种子处理。作物的种类不同，进行温汤浸种的水温以及浸种时长也有所区别。下表为番茄、黄瓜、茄子等作物温汤浸种的具体方法。

温汤浸种

作物	水温（℃）	时间（分钟）
番茄	50~55	20~30
甜椒	50~55	20~30
茄子	55~60	20~30
黄瓜	50~55	20~30
冬瓜	55~60	30
芹菜	45~50	15~20

（2）药剂浸种。除了温汤浸种，还可以采用药剂浸种方式进行种子处理。如预防病毒病，可以采用40%磷酸三钠溶液或2%氢氧化钠溶液浸泡种子15~20分钟，捞出后用清水洗净等。下表为番茄、辣椒、茄子等预防病虫害浸种方法。

药剂浸种

蔬菜种类	病害防治	药剂使用	药液浓度（倍）	浸泡时间（分钟）
番茄	病毒病	40%磷酸三钠	10	20
	病毒病	或氢氧化钠	50	15
	早疫病	40%福尔马林	100	15~20
甜（辣）椒	病毒病	40%磷酸三钠	10	20
	炭疽病	硫酸铜	100	5
	细菌性斑点病	硫酸铜	100	5
茄子	褐纹病	40%福尔马林	300	15
黄瓜	枯萎病	50%多菌灵	500	60
	枯萎病	40%福尔马林	150	90
	炭疽病	升汞	1 000	10~15
	角斑病	升汞	1 000	10~15

4. 棚室消毒技术

棚室表面消毒技术是一项很重要的技术，方法有药剂喷雾消毒，如针对上一茬作物的病虫害，选择广谱性药剂喷施，尽量选择弥雾机，防控效果更好。另外，还可以根据具体病虫害，选择相应的烟剂，缝隙渗透效果比较好。有机生产园区可以使用辣根素消毒方法。使用棚室消毒技术，有两点必须注意：一是棚室一定要保持密闭，如有破损必须用透明胶带粘补；二是处理前几天给棚室内喷洒少量水，使棚内有一定湿度，利于杀灭病虫。

（1）药剂喷雾消毒。可以选用高效氯氰菊酯、苯醚甲环唑、嘧菌酯、阿维菌素等广谱性药剂。

（2）烟剂消毒。选择相应的杀菌和杀虫配合使用。杀菌烟剂有腐霉利（灰霉病）、抑霉唑（叶霉病）、二氯异氰尿酸钠（菇房的真菌）等；杀虫烟剂有异丙威（粉虱、蚜虫）、高效氯氰菊酯（粉虱、蚜虫）、敌敌畏（粉虱、蚜虫）等。

（3）自制烟剂消毒。硫黄＋敌敌畏熏蒸，通常亩用硫黄粉500g左右，80%

敌敌畏乳油500g左右，分别拌适量锯末后把烟熏剂分成4~7堆，分别摆放在棚室内，由里向外点烟。

（4）辣根素消毒。选用20%辣根素水乳剂1L/亩，施药后密闭棚室3~5小时。敞气1天即可定植。

5.穴盘消毒技术

育苗过程中，如果穴盘是重复使用的，可结合百菌清、多菌灵等药剂处理、蒸汽消毒、高温焖棚处理，或是利用硫黄、辣根素等进行消毒处理。

6.基质消毒技术

基质消毒技术主要针对重复使用、容易携带土传病害的基质，防治对象主要有蔬菜苗期猝倒病、立枯病、疫病、菌核病、根结线虫病等。苗床土壤（基质）消毒可选用98%恶霉灵可湿性粉剂2 000~2 500倍液喷浇。每立方米用20%辣根素水乳剂10~15mL密闭熏蒸12小时后散气1~2天。

7.施用无菌肥料

在定植前施用有机肥料，都要彻底腐熟。在腐熟过程中，通过肥料的高温发酵将病菌杀死。否则，存在将病菌带入土壤，致作物侵染病害的风险。

8.消毒池防病技术

土壤消毒后，如果不做好防护，土传病害很快又会进行传播，因此，要使用好消毒池（垫）的防病技术，避免土传病害进一步发生。推荐在棚室入口处放置浸有消毒液的托盘、海绵垫或地垫，对进出棚室的操作人员或参观人员鞋底进行消毒处理，避免由于人为进出棚室传播根结线虫病、枯萎病、根腐病、疫病等土传病害。有条件的棚室操作间可配置工作服，进出棚室更换工作服，防止农事操作时人为携带病原菌、害虫、虫卵在不同棚室内传播。

消毒垫最简单的做法，可以在二道门口直接撒一些生石灰作为消毒防护，也可以用草帘子铺在地上（底下垫塑料布）浇一些消毒液；也可以使用不锈钢托盘，盘内放置含消毒液的废旧棉帘等。夏天时也可以使用两层塑料布，均匀打一些孔，消毒液会散发得比较慢一些。在大型园区可以做消毒池，效果更好。消毒液可以选用双链季铵盐、84等速效性消毒剂。注意消毒垫（池）宽度要超过80cm，保证两只脚都要踩到。

简单消毒垫

不锈钢托盘

双层塑料打孔

水泥消毒池

9. 色板诱杀技术

根据害虫对不同颜色的色板具有趋性来诱捕杀灭害虫。色板种类主要有黄板和蓝板，黄板可以诱杀粉虱类成虫、有翅蚜虫、蓟马成虫、蝇类等多种害虫。篮板主要用于诱杀花蓟马、西花蓟马、葱蓟马等多种蓟马。具体使用要点如下。

（1）悬挂时间。苗期和定植后，害虫发生前期至初期。

（2）颜色选择。瓜类、番茄适宜挂黄板；茄子适宜悬挂蓝板。种植辣（甜）椒的温室适宜黄板、蓝板搭配使用。

（3）悬挂高度。苗棚内以色板底边高出蔬菜作物顶端 5~10cm 为宜；在生产棚室内以高出 20cm 左右为宜。

（4）悬挂位置。跨度在 7m 以内棚室，可在棚室中间位置顺向挂置 1 行；跨

正确黄板悬挂方式

度在 7~11m 的棚室，可在棚室内按"之"字形悬挂 2 行。

（5）悬挂数量。初期 3~5 片用于监测，当虫量较多时每亩设置中型板（25cm×30cm）30 块左右，大型板（30cm×40cm）25 块左右。

（6）更换处理。色板通常 45 天左右更换 1 次，但在虫量较多，色板粘满害虫时需及时更换，并妥善处理。

10. 防虫网应用技术

在棚室入口处和通风口覆盖 30 目以上的防虫网，可有效控制各类害虫如小菜蛾、甜菜夜蛾、棉铃虫、美洲斑潜蝇等进入棚室内部。若防治粉虱等害虫，需要 50 目以上防虫网才能起到阻隔作用。防虫网应注意覆盖紧实，最好在棚室消毒和育苗前或定植前设置，不能等害虫进入后再设置。

11. 遮阳网覆盖技术

遮阳网主要在夏季炎热时期，高温干旱条件下遮阳降温，预防多种蔬菜病毒病。遮阳网的型号较多，不同规格、不同颜色的遮阳网，遮光率和降温效果都不同，不同种类的蔬菜，对光照强度的要求也不同。所以，应根据蔬菜种类和覆盖期间的光照强度，选择适宜的遮阳网。有些农户发明的向棚膜上摔泥，也会起到一定的遮阳作用。

12. 科学用药技术

（1）提高植株自身抗性。喷施海藻素、植物免疫蛋白等诱抗剂，促进植物生长，增强种苗抗病性。

（2）关键节点预防。做好关键节点提前预防，不提倡不管发没发病都进行定期打药的做法。要根据不同作物病虫害发生的关键防控节点，科学进行提前预防。

13. 高效施药技术

园区最好备有 3 种施药器械，在不同环境不同时期选择使用。在进行病害预防时，可使用常温烟雾施药机、弥雾机等进行施药，预防效果较好。在病害发生比较重时，需要使用用水量较大的器械，提高药剂的穿透力，打匀打透，防治效果更好。在阴雨天或高湿环境，可选用弥粉机等器械施药，对降低棚内湿度，预防病害效果更好。

14. 病株及时处理技术

蔬菜群体中若发生个别病株，为防止病株蔓延为害，应及时将病株连根带土拔除到田外埋掉。并用石灰水或相应农药对病穴进行杀菌处理，以防病菌再传播为害。

15. 出圃前处理技术

出圃前处理，可选择药剂蘸根处理，如寡雄腐真菌（100万个孢子/g，粉剂）5g+ 高巧（600g/L，悬浮种衣剂）10mL，兑水 10~15L。也可进行茎叶喷雾处理，主要杀菌剂有枯草芽孢杆菌、苯醚甲环唑等，杀虫剂有矿物油、阿维菌素等。另外，可以通过应用天敌昆虫，如在番茄苗定植前接入烟盲蝽，2 头 /m^2，这样使番茄苗在定植时是带着天敌的卵定植的，对虫害发生具有较好的及时防控作用。

（二）产前消毒预防技术（3项）

产前消毒预防技术包括3项，全园清洁技术、棚室表面消毒技术和土壤消毒处理技术。其中，全园清洁技术、棚室表面消毒技术与前面介绍的方法一致。这里重点介绍土壤消毒处理技术。

1. 全园清洁技术

详见无病虫育苗技术—全园清洁技术。

2. 棚室表面消毒技术

详见无病虫育苗技术—棚室表面消毒技术。

3. 土壤消毒处理技术

土壤消毒处理技术防治对象包括蔬菜苗期猝倒病、立枯病，瓜类枯萎病、根腐病，茄子黄萎病，黄瓜、番茄、辣（青）椒疫病、蔬菜菌核病、根结线虫病等。常用处理方法如下。

（1）传统药剂处理。传统药剂处理可选择多菌灵、福美双、敌克松、甲基托布津、代森锰锌、霜脲锰锌、硫酸铜等常规药剂。药剂用量至少用喷雾药量的20 倍左右，用适量细土混合均匀。处理苗床和密植型蔬菜种植地土壤，如芹菜、生菜、油菜、茴香等，可将药土均匀撒施在表层，也可将药剂对成药液直接喷洒土表；处理稀植蔬菜，如瓜类、茄果类蔬菜的种植土壤，最好采取穴施，2/3 药土撒在定植穴底部，适当回填一点细土后定植菜苗，待培好土后将 1/3 药土覆盖在菜苗定植穴的表层；注意药土不要接触菜苗嫩茎，浇水后药剂将均匀分布在菜苗的根际周围。

（2）氯化苦熏蒸消毒。氯化苦熏蒸消毒，优点是对细菌性病害效果比较好，用量较大，有效成分为硝基三氯甲烷，每平方米使用 30~50g。处理时间相对较长，低温 5~15℃，处理 20~30 天，25~30℃需处理 7~10 天。对花生、姜、茄子、青椒、草莓、番茄等作物土壤熏蒸效果明显，达到种植物增产、稳产和改善品质的目的。与溴甲烷相比其防治真菌的效果要高近 20 倍，在土壤中无残留，对作物无污染。但一定注意氯化苦为高毒农药，很容易引起人体中毒。氯化苦还存在土壤中易漂移，易被物质吸收不易散发，对线虫和杂草防治效果稍差等缺点。

（3）棉隆消毒处理。棉隆的化学名称：四氢 -3,5- 二甲基 -1,3,5- 噻二嗪 -2- 硫酮，又名必速灭，属低毒杀菌、杀线虫剂。棉隆施入土壤后可产生异硫氰酸甲酯气体，对各种线虫、土传病菌、地下害虫和杂草种子等有较好杀灭效果，适用于常年连茬种植蔬菜的温室土壤消毒。每亩用量为 20~35kg，处理时间为盖膜密封 20 天以上，揭开膜敞气 15 天后播种。棉隆消毒对线虫效果最好，对真菌、细菌效果稍差。

（4）石灰氮（氰氨化钙）。石灰氮在生产中草莓棚用得比较多，遇水分解产生氰胺和双氰胺等氰胺化物，并产生一定的高温，全田每亩撒施石灰氮 30~50kg。对防治地下害虫、根结线虫和杂草，及青枯病、立枯病、根肿病等土传病害具有一定的作用，还具有补充氮和钙肥、促进有机物的腐熟等作用；宜在播种定植前 20 天以上进行。由于石灰氮分解产生的氰胺对人体有害，使用时应特别注意安全防护。石灰氮属强碱性肥料，不适于在碱性土壤中施用（氮素不易与土壤颗粒结台，氢氧化钙更加剧土壤的碱性和有害微生物的发生），石灰氮的完全分解需要土壤的充分湿润，因此，该技术在缺水干旱的地区应用，受到一定限制。有机生产上是不能使用石灰氮的。

（5）辣根素水乳剂熏蒸处理。有机生产可选用 20% 辣根素水乳剂进行土壤熏蒸处理，防治枯萎病、黄萎病、疫病、根结线虫病等土传病害。

用法。

① 清除植株残体，深翻土壤 35cm 以上，适当喷水、调节湿度；

② 作垄，铺设滴灌设备；

③ 整体或单垄覆盖塑料薄膜，将四周压实；

④ 配对药剂、滴灌施药，确保均匀，4~6L/亩，适当调小出药阀门。

⑤ 在施肥罐内辣根素滴完后保持继续滴灌浇水 1~2 小时；

⑥ 密封 3~5 天后打开薄膜，次日即可定植。

（三）产中科学防控技术（16 项）

1. 防虫网应用技术

详见无病虫育苗技术—防虫网应用技术。

2. 遮阳网覆盖技术

详见无病虫育苗技术—遮阳网覆盖技术。

3. 色板诱杀技术

详见无病虫育苗技术—色板诱杀技术。

4. 消毒池防病技术

详见无病虫育苗技术—消毒池防病技术。

5. 高效施药技术

详见无病虫育苗技术—高效施药技术。

6. 病残体处理技术

详见无病虫育苗技术—病株及时处理技术。

7. 引诱趋避作物技术

在棚室边上、前脸等空闲地方种植一些具有趋避作用的植物，如大蒜、薄荷、辣椒、花椒、薰衣草、柴胡、艾草等，能起到一定的趋避害虫的作用。也可以盆栽一些小麦等作物，对诱集蚜虫有很好的效果，可以减轻种植目标作物的蚜虫为害。下表对常见诱集植物、主栽作物和靶标害虫进行了汇总，生产中可进行参考应用。

蔬菜常见诱集植物汇总

诱集植物	主栽作物	靶标害虫
南瓜 *Cucurbita Pepo*	黄瓜 *Cucumis sativus*	瓜条叶甲 *Acalymma vittatum*
玉米 *Zea mays*	番薯 *Ipomoea batatas*	叩头虫 *Pleonomus canaliculatus*
马铃薯 *Solanum tuberosum*	番茄 *Lycopersicon esculentum*	马铃薯甲虫 *Leptinotarsa decemlineata*
黄瓜 *Cucumis sativus*	番茄 *Lycopersicon esculentum*	烟粉虱 *Bemisia tabaci*

（续表）

诱集植物	主栽作物	靶标害虫
白菜 *Brassica pekinensis*	花椰菜 *Brassica oleracea*	油菜露尾甲 *Meligethes aeneus*
芥菜 *Brassica juncea*	花椰菜 *Brassica oleracea*	美洲蝽 *Murgantia histrionica*
芥菜 *Brassica juncea*	花椰菜 *Brassica oleracea*	小绿叶蝉 *Empoasca fabae*
芥菜 *Brassica juncea*	十字花科植物 *Crucifer*	十字花菜跳甲 *Phyllotreta cruciferae*
芜菁 *Brassica rapa*	十字花科植物 *Crucifer*	甘蓝地种蝇 *Delia radicum*
野芥菜 *Raphanus rapha*	羽衣甘蓝 *Brassica olerucea*	菁淡足跳甲 *Phyllotreta nemorum*
玉米 *Zea mays*	葫芦 *Lagenaria siceraria*	瓜实蝇 *Bactrocera cucurbitae*
葫芦 *Lagenaria siceraria*	葫芦 *Lagenaria siceraria*	金花科甲虫 *Acalymma vittatum*
三叶草 *Trifolium repens*	莴苣 *Lactuca sativa*	长毛草盲蝽 *Lygus rugulipennis*
莴苣 *Lactuca sativa*	莴苣 *Lactuca sativa*	二叉叶蝉 *Macrosteles quadrilineatus*
豇豆 *Vigna unguiculata*	大豆 *Glycine max*	壁蝽 *Piezodorus rubrofasciatus*
大豆 *Glycine max*	大豆 *Glycine max*	稻绿蝽 *Nezara viridula*

8. 硫黄熏蒸消毒技术

硫黄为有机生产允许使用的植保产品，主要用于草莓、辣椒、瓜类等作物白粉病的预防，推荐在定植前或生产过程中定期使用。一般配合电热式硫黄熏蒸器使用，每亩地用 5~8 个硫黄熏蒸器。熏蒸器有效熏蒸距离为 6~8m，覆盖范围为 60~100m²，田间使用时熏蒸器间距可设为 12~16m。高度距地面 1.2~1.5m。硫黄粒子在水平靶标背面的沉积密度相对较高，有利于作用于靶标作物叶片背面的病原菌。熏蒸器不能距棚膜太近，以免棚膜受损。位置距后墙 3~4m。受重力影响，距离熏蒸器 1~3m 处沉积的硫黄粒子多。棚室南北跨度一般为 8m，因此，将熏蒸器放在中间位置将有利于硫黄粒子的扩散。熏蒸时间为晚上六点至十点。避开中午气温较高时段以免对作物造成药害。熏蒸结束后，保持棚室密闭 5 小时以上，再进行通风换气。每次用硫黄 20~40g。硫黄投放量不要超过钵体的 2/3，以免沸腾溢出。棚室内电线和控制开关应有防潮和漏电保护功能，安装位置应高于地面 1.8m，避免碰及操作人员。

9. 天敌应用技术

北京市针对 4 种常见害虫蚜虫、粉虱、害螨、蓟马开发了 5 种天敌昆虫，如异色瓢虫针对蚜虫，烟盲蝽、丽蚜小蜂针对粉虱，捕食螨针对害螨，东亚小花蝽针对蓟马。天敌昆虫的释放要求较高，应注意以下方面。

（1）释放天敌时避免高温、低温和高湿的环境。

（2）释放前严禁使用高毒、高内吸、高残留的农药。

（3）释放天敌温室需要安装防虫网，避免天敌昆虫外逃。

（4）尽量选择晴天上午或傍晚释放天敌。

（5）严格按照使用说明进行操作。

（6）科学生产管理，注意通风除湿。

10. 熊蜂蜜蜂授粉技术

蜂授粉技术能够减少2，4-D等激素使用，同时，降低灰霉病发生，节约劳动力并提高产品质量，在北京市乃至全国正在进行广泛推广。用好此项技术一定注意以下要点。

（1）提前预订。

（2）熊蜂进棚前准备工作。

（3）收货后要检查蜂群质量。

（4）选择合适的熊蜂进棚时间。

（5）选择合适的熊蜂放置位置。

（6）控制棚室内温湿度。

（7）必须注意农药使用。

（8）定期检查授粉率。

（9）及时饲喂。

11. 降湿防病技术

主要采用滴灌技术、电场除雾装置、过道铺放干树叶等技术，起到一定的降湿防病的作用。

滴灌技术　　　　　　电场除雾装置　　　　　过道铺放干树叶

12. 灯光诱杀技术

利用害虫的趋光性将害虫诱捕后集中杀灭,特别是对一些毁灭性较强、药剂很难防治的害虫,如甜菜夜蛾、斜纹夜蛾、棉铃虫、草地螟、地老虎、金龟子等害虫具有较好的诱杀效果。在设施园区内安放杀虫灯可以降低园区内大型害虫如鳞翅目、鞘翅目害虫成虫的数量,进而减少对棚内蔬菜的为害;在露地蔬菜田间,杀虫灯对多数趋光性害虫可以发挥很好的控制作用,常年可减少 50% 施药量,害虫发生重的年份可减少 70% 以上的田间施药量。

13. 性诱剂诱杀技术

性诱捕控制害虫具有无污染、简便省工、防治对象专一、不伤害天敌等优点,目前重点推荐在露地蔬菜上应用,主要蔬菜害虫性诱剂种类有小菜蛾、甜菜夜蛾、斜纹夜蛾、棉铃虫等。使用时诱芯 4~6 周更换 1 次,未使用的诱芯应低温保存。虫量发生较大时,应与其他防治方法配合使用。注意事项如下。

(1)诱芯使用前应在冰箱中保存,保质期 2 年,一旦打开包装袋,最好尽快使用所有诱芯。

(2)严重地块最好在放置前进行一次药剂防治,以降低产量损失。

(3)部分性诱芯不能同时挂在一起使用。

14. 科学用药技术

首先,在关键防控节点提前预防技术;其次,注意轮换用药,否则,容易产生抗药性。另外,注意用药方式,喷雾药剂不能用滴灌方式,农药残留安全间隔期会改变,最后,要严格注意农药安全间隔期。科学合理使用农药不仅能够保证农产品质量安全,还会延缓病虫抗药性,延长农药产品寿命,提高有害生物防治效果。

15. 防护隔离技术

做好防护隔离是一项重要的技术,国内专业服务队有专门的防护服,一些大型园区、专业基地也具备,防止将病虫害携带到棚室内。而针对一家一户种植,在无法长期配备防护服的情况下,建议在棚内挂几套专用衣服,工人到该棚时换上专用衣服再开始工作,避免携带病虫害进入温室内,同时,通过消毒垫把脚部携带病害防护住,效果比较好。

16. 工具、器械(含双手)消毒技术

为防止碰过病株的工具、器械、双手继续传播病害,要及时进行消毒处理。

比如病毒病、细菌性病害为系统性病害，一旦得病整株都会有病原菌，如果对病株进行疏花疏果或打杈等工作后，没有及时对工具、器械、双手进行消毒处理，则会使整棚作物或大部分作物得病。建议在棚里放 3~4 个桶，工作到桶位置时换一个新的刀具，然后双手进行消毒，可有效防止病害传播。

（四）产后残体处理技术（3 项）

农业生产过程中会产生大量的植株残体，如生产中摘除的带病虫叶片、枝条、果实；整枝打杈除去的枝杈和多余的花、茎、果；还有生产结束后需要拔除的植株。这些植株残体中一般带有大量的病菌、害虫和虫卵。如果随意堆放，会造成病虫大量繁殖，并借刮风、下雨、浇水或施肥等途径在田间大面积传播，为下茬作物提供大量病虫来源，加重下茬作物病虫害发生程度，间接加大农药用量。产后残体处理主要有 3 项技术。

1.中大型设备处理

主要针对规模大的园区，可通过大型堆沤处理站、沼气处理站和高浓度臭氧车等方式，北京市在不断探索与有机肥厂合作，进行有机肥置换。

2.高温堆沤

高温堆沤方式，是农户使用较多的技术。按一定面积设置堆沤发酵处理专用水泥地放入蔬菜植株残体，或在田间地头向阳硬地处将蔬菜植株集中，随后覆盖透明塑料膜，四周压实。堆沤时间需根据天气状况决定，天气晴好气温较高，堆沤 10~20 天，阴天多雨则需适当延长。可加入腐熟剂等调节碳氮比例。

3.直接粉碎还田

目前，也在尝试开展植株残体直接粉碎还田技术，一方面避免拉秧残体拉到地外，节省人工；另一方面能够将植株全营养还到田里，保障土壤养分。夏季处理与高温焖棚相结合较容易，秋冬季在还田时，需做好病虫害处理，减少病虫害传播风险。

三、其他重点技术、工作

绿色防控体系（理念）及关键技术包含很多重要具体技术，如病虫害识别诊断及具体的防控措施、天敌防控技术、蜜蜂熊蜂授粉技术、韭菜灰霉病的全程绿色防控技术、西瓜主要病虫害识别与绿色防控技术草地贪夜蛾识别与防控技术、京郊小麦病虫草害发生与防治等，还有三级植物健康体系建设、全市农药减量补贴工作在绿色防控体系技术推广的重要作用等，日后进一步进行详细介绍。

四、问题解答

（一）怎样有效防治烟粉虱?

随着气温逐渐升高，烟粉虱等小型害虫的为害越来越重，针对烟粉虱防控，根据绿色防控理念，在定植时杂草要清除掉，减少中间宿主，定植后，通过挂黄板蓝板进行监测，发现烟粉虱后，及时采取药剂防控或天敌防控，同时，检查防虫网是否严密，上风口和通风口也要用防虫网防护好。在生长中期，进行药剂防控时，要同时使用杀成虫剂和杀卵剂，保障杀虫效果。残体处理时，如果烟粉虱发生严重，在清棚前，应进行熏棚处理，再将残体清出棚外，防止烟粉虱扩散。将全程绿色防控技术做到位，即可达到非常好的防控效果。

（二）包衣种子能进行温汤浸种吗?

包衣的种子就不需要进行温汤浸种了。种子企业在生产过程中，会针对不同品种的种子容易得的病害进行预先包衣，如果进行温汤浸种，则破坏了包衣，反而起到了相反的作用了。

（三）高温闷棚主要用什么药?

闷棚处理分为3类：一是如果已知上一茬作物的病虫害，则可选择相应的农药，最好能用弥雾机，烟雾机弥散效果较好的施药机，进入缝隙效果较好。二是可以使用成品的烟剂，如腐霉利、异丙威、敌敌畏等。三是自制烟剂，硫黄粉、敌敌畏等自制烟剂熏蒸。

（四）防治蔬菜病毒病有没有特效药?

病毒病为系统性病害，一旦得上是治不好的。只能利用一些农药，如氨基寡糖素、寡糖链蛋白之类的药剂，一方面诱导植株抗性；另一方面起到钝化病毒，减轻病毒病危害的作用。针对病毒病，重点做好预防工作。① 购买种子种苗要查看是否有检疫证书，或与厂家沟通确认是不是抗病品种。② 做好棚室小型害虫的防控工作，因为大部分的病毒病是通过小型害虫快速传播的。③ 做好工具、器械和双手的及时消毒工作，防止病毒病传染。④ 针对小型害虫传播的病毒病，在田间一旦发现，先打防控小型害虫的药剂，把小型害虫控制下来，然后再将病株拔除，防止先清除病株导致小型害虫在棚室内扩散加重病毒病发生。

春季蔬菜病害综合防治技术

‖专家介绍‖

黄金宝，北京市农林科学院植物保护环境保护研究所副研究员，长期从事农业病害综合治理技术研究与示范推广工作，先后主持和参加国家、北京市级等项目 10 余项，特别对蔬菜灰霉病有较深入的研究。共发表论文 40 多篇，其中，第一作者 22 篇，专利 4 项，获得各种科技成果奖励 15 项，主持完成"蔬菜灰霉病和菌核病病菌抗药性的监测与综合治理的研究"一项，获北京市科技进步三等奖，并研制、开发、登记 2 种高效、低毒、新型保果防治灰霉病农药；参加国家攻关项目"茄果类蔬菜主要病虫害综合防治技术研究"。1999—2007 年先后担任北京市保保农业科技开发公司及北京市绿科保保科技开发有限责任公司经理，从事农业技术推广工作。2007 年 8 月至今，在北京市农林科学院植物保护环境保护研究所病害综防研究室，主要从事农业农村部药检所的药效试验工作，自 2014 年开始，作为值班专家在"12396 北京农科热线"坐诊服务。

课程视频二维码

　　早春蔬菜主要是保护地蔬菜，包括上一年秋延后越冬蔬菜和当年新种植蔬菜。据调查了解，现在蔬菜病害主要是灰霉病、菌核病、霜霉病、晚疫病、角斑病和白粉病等，这些病害都与田间湿度大有关。植保方针大家都知道，那就是"预防为主，综合防治"，如何做到预防在前，综合防治，需要对病害有清楚的认识。在当前新型冠状病毒疫情发生之际，更要简便、省时、省力，高效地防治病害，保障农业正常生产。

一、灰霉病和菌核病（主要以番茄为例）

　　灰霉病和菌核病是蔬菜上常见的 2 种病害，2 种病害都是真菌性病害，发病症状相似，这里一并进行探讨。

　　（一）2 种病害的异同点

　　相同点：致病菌都属于核盘属真菌，后期长出菌核；症状上都会引起组织软烂。

　　不同点：虽然症状表现为组织软烂，但病征是不同的。灰霉病的病征是在病部长出灰霉；而菌核病则是长出白色菌丝，因此，两者有一定的区别。

　　此外，灰霉病主要在保护地蔬菜中普遍发生；而菌核病发生与流行很快，露地和保护地都可发生，有些基地菌核病为害已超过灰霉病。

左：番茄灰霉病果实　　　　　　　右：番茄菌核病果实

灰霉病与菌核病在番茄果实上表现的区别

　　（二）生物学特性

　　病原：灰葡萄孢真菌。

发病条件：低温高湿，孢子发病最适温度21~23℃。

传播途径：2 种病害类似。以菌丝或菌核及分生孢子在病残体上越冬或越夏，借气流传播，菌核可存活 15~30 年。即便牲畜吃掉经消化后排出的粪便，菌核也不死；因此，防治时尽量在形成菌核前杀死病菌。

（三）症状

1. 灰霉病

番茄灰霉病病原菌的寄生侵染能力很弱，只有利用外部能量才能侵入。生产中发现，正常番茄果实上很少有灰霉病，实验室接种也不易接种存活，但如果在孢子悬浮液中加入5%葡萄糖或果糖，就能接种，利于发病。

病菌利用柱头萎蔫的能量侵入，造成果实脐部感病；利用花瓣白化萎蔫的能量侵入，造成果实蒂部（花托）感病；利用叶尖受害变蔫枯死的能量侵入，造成叶片"V"形感病；利用农事操作或昆虫及环境造成伤口的能量侵入，造成其部位感病。所以，灰霉病在番茄上、叶上表现为"V"形病斑；果实上表现为柱头与花托两头软烂，其他位置，有伤口就有症状；在瓜类上，主要在瓜顶头软烂；其他蔬菜上，也主要表现为花果残体或伤口处表现症状。

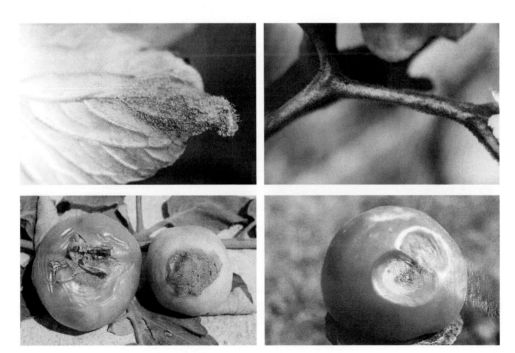

灰霉病在番茄不同部位引起的症状

灰霉病的菌核 （张石新 摄）

2. 菌核病

菌核病主要表现为病部长出白色菌丝，后期长出黑色菌核。茎部染病也会有灰白色菌丝，后期表皮纵裂，病茎内可生有黑色菌核。条件不利情况下，菌核保持休眠状态。一旦条件成熟，菌核会发芽，长出伞形菌盖，产生大量分生孢子，

番茄菌核病症状

菌核病菌核发芽

进行传播。

　　灰霉病寄主范围很广，在茄科蔬菜上危害严重，形成各种茄科蔬菜灰霉病；

茄科灰霉病症

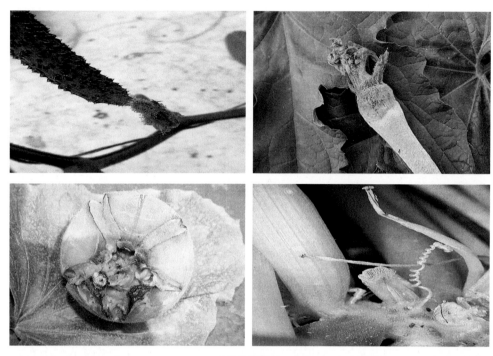

瓜类灰霉病症

其他蔬菜灰霉病

能够侵染瓜类，形成瓜类灰霉病。

菌核病寄主范围也很广泛，能够造成茄科蔬菜菌核病、瓜类菌核病、十字花

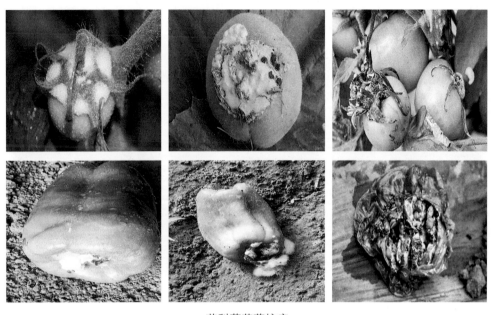

茄科蔬菜菌核病

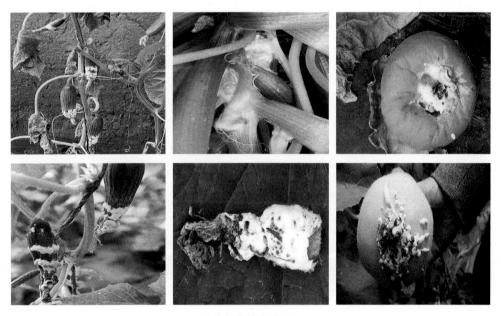

瓜类菌核病病症

其他蔬菜菌核病

科蔬菜菌核病以及特菜菌核病等。

（四）防治措施

2 种病害在发病条件和症状等方面有相似的地方，防治措施也可以相互借鉴。

1. 农业防治

棚室采取变温管理，早晨揭帘后立即开小口放风；上午 33℃后放顶风，降温到 24℃关闭风口；下午保持 20~25℃，20℃闭风口；一天中尽量多次开关风口，达到变温管理的效果。

注意浇水打药的时间，尽量安排在晴天上午浇水打药，提温后再放风。

注意生产管理尽量避免造成伤口，可以采取直播或营养皿育苗；此外，一旦发现发病，要及时摘除病叶、花、果，摘的时候尽量使用塑料袋包裹住，深埋或烧毁。

2. 药剂防治

2 种病害的防治药剂可以通用，药剂有如下几种。

苯丙咪唑类：多菌灵、苯菌灵等；

二甲酰亚胺类：速克灵、扑海因、农利灵等；

氨基甲酸酯类：乙霉威（万霉灵、多霉灵）系列；

嘧啶胺类：嘧霉胺（施佳乐）、嘧菌环胺、嘧菌胺等；

吡啶胺类：氟啶胺、啶酰菌胺（凯泽）等；

吡咯类：咯菌腈（适乐时）；

酰胺类：环酰菌胺；

三唑类：苯醚甲环唑（世高）。

防治时注意在晴天上午打药；连续用药时，轮换用不同类农药，以避免、减缓病菌抗药性产生。

二、霜霉病（以黄瓜为代表）

黄瓜霜霉病，俗称"跑马干""干叶子"，苗期成株都可受害，主要为害叶片和茎，卷须及花梗受害较少。黄瓜霜霉病是保护地黄瓜栽培中发生最普遍、为害最严重的病害。

（一）生物学特征

（1）病原。为卵菌门假霜霉属古巴假霜霉菌 [*Pseudoperonospora cubensis* （Berk.et Curt.）Rostov.]。

（2）发病条件。高温结露易发病。适宜的发病湿度为85%以上，特别在叶片有水膜时，最易受侵染发病。

（3）传播途径。病菌在病叶上越冬或越夏；病菌的孢子囊靠气流和雨水传播；在温室中，人们的生产活动是该病的主要传播途径。

（二）症状

霜霉病主要发生在叶片上。叶片上初现浅绿色水浸斑，扩大后受叶脉限制，

黄瓜霜霉病的叶部症状

黄瓜霜霉病田间发病情况

呈多角形，黄绿色转黄褐色，后期病斑汇合成片，叶子破裂但很少穿孔，最后造成全叶干枯。潮湿时叶背面病斑上生出灰黑色霉层，严重时全株叶片枯死。

白菜霜霉病

| 冬瓜 | 苦瓜 |
| 丝瓜 | 甜瓜 |

葫芦科蔬菜霜霉病

不同类别的霜霉病菌能侵染十字花科、葫芦科、茄科、菊科及其他蔬菜,造成不同蔬菜的霜霉病。

(三)防治措施

1.农业防治

选用抗病黄瓜品种。如津研系、津杂系及津春系等品种黄瓜较为抗病,蜜刺黄瓜多为感病品种。

栽培无病苗,同时,改进栽培技术,采用高垄栽培有利于防病。

2.生态防治

做好栽培管理,营造不利于霜霉病发病的生态环境。棚室早晨放风,实行变温管理;上午将棚温控制在25~30℃,湿度降低到75%;下午棚温控制在20~25℃,湿度降低到70%;夜温控制在15~20℃,下半夜最好控制在12~13℃。后期可采用高温闷棚(53℃10分钟),一定程度上,能够缓解病害的蔓延。

3. 药剂防治

防治霜霉病的药剂有：25% 吡唑醚菌酯乳油 1 500~2 000 倍液；50% 安克（烯酰吗啉）1 500~2 000 倍液；72.2% 普力克水剂 800 倍液；72% 克露 600~800 倍液及瑞毒霉等。

注意在发病初期进行防治，晴天上午打药，提温后再放风。

三、番茄晚疫病

番茄晚疫病是番茄上的重要病害之一，局部地区发生。番茄晚疫病保护地、露地均可发生，但主要危害保护地番茄。连续阴雨天气多的年份危害严重。

（一）生物学特性

病原：该病是由疫霉菌［*Phytophthora infestans*（Mont.）De Bary］侵染所致。

发病条件：一般情况下，不见明水不发病，露水、棚膜水、浇水、打药水、雨水等均有利于发病。

传播途径：该病从气孔或表皮直接侵入，借气流或雨水传播。

（二）发病症状

该病发生于叶、茎、果实及叶部，病斑大多先从叶尖或叶缘开始，初为水浸状褪绿斑，后渐扩大，在空气湿度大时病斑迅速扩大，可扩及叶的大半以至全

番茄晚疫病症状

叶，雨后或有露水的早晨叶背上最明显，湿度大时叶片边缘长出一圈白霉，形成"云"状病斑。侵染茎部、叶柄皮层形成长短不一的褐色条斑，病斑在潮湿的环境下也长出稀疏的白色霜状霉。侵染果实，表现为果实花脸，且硬度很大。

（三）防治措施

1.抗病品种

选用中杂 4 号、中蔬 4 号或 5 号等抗病品种，可有效防止该病发生。

2.实行轮作

条件许可时可与非茄科蔬菜实行 3~4 年轮作。

3.加强田间管理

选择地势高燥、排灌方便的地块种植，合理密植。增施有机底肥，注意氮、磷、钾肥合理搭配。管理过程中，注意在晴天上午浇水、打药，避免明水积存。

4.药剂防治

在发病初期，进行化学防治。防治药剂有：52.5% 抑快净可湿性粉剂 2 000~3 000 倍液；50% 安克（烯酰吗啉）可湿性粉剂 1 500~2 000 倍液；72.2% 普力克水剂 800 倍液；72% 克露可湿性粉剂 600~800 倍液、25% 吡唑醚菌酯乳油 1 500~2 000 倍液及瑞毒霉可湿性粉剂 600 倍液等。

四、白粉病

（一）生物学特性

病原：子囊菌亚门单丝壳白粉菌属真菌引起。

发病条件：高温干旱或高温高湿利于发病。

传播途径：北方病菌以闭囊壳越冬，南方以菌丝或分生孢子在寄主上越冬或越夏；分生孢子借气流或雨水传播。

（二）症状

白粉病俗称"白毛病"，以叶片受害最重。症状表现为，蔬菜作物整个生长期的叶片、茎、花果上有白粉。白

黄瓜白粉病

南瓜

苦瓜

西瓜

甜瓜

瓜类白粉病

彩椒白粉病

粉病为害的蔬菜种类很多，有瓜类、西葫芦、草莓、番茄以及其他蔬菜。

（三）防治方法

1. 抗病品种

黄瓜对白粉病的抗性有差异，天津黄瓜所津研系列的品种都比较抗白粉病。

2. 生物防治

可使用2%农抗120或2%武夷霉素（BO-10）水剂200倍液等生物农药进行防治。

3. 药剂防治

在发病初期可以使用25%吡唑醚菌酯水剂1 500倍液、25%乙嘧酚悬浮剂800倍40%福星2 000~3 000倍液、42.8%露娜森悬浮剂1 500倍液等药剂进行防治。由于白粉病的潜育期长，一般防治需用药3~4次。

防治白粉病药剂还有很多，主要包括如下几种。

有机硫类：甲基硫菌灵（甲托）、硫黄、福美双；

三唑类：腈菌唑、苯醚甲环唑（世高）、氟硅唑（福星）、戊唑醇（好力克）已唑醇等；

甲氧基丙烯酸酯类：醚菌酯（翠贝）、嘧菌酯（阿米西达）、吡唑醚菌酯（凯润）、烯肟菌胺等；

杂环类：乙嘧酚、氟吡菌酰胺；

二硝苯巴豆酸类：卡拉生（硝苯菌酯）；

复配剂：露娜森（氟吡菌酰胺·肟菌酯）等。

注意：三唑类农药对黄瓜容易产生药害。黄瓜植株对不同三唑类农药品种的敏感性存在差异，已唑醇、戊唑醇、环丙唑醇抑制植株生长的作用较显著，丙环唑、四氟醚唑、腈菌唑、苯醚甲环唑（世高）相对小些。

五、黄瓜细菌性角斑病

黄瓜角斑病是黄瓜上的重要病害之一。常在田间与黄瓜霜霉病混合发生，病斑比较接近，有时容易混淆。

（一）生物学特性

病原：该病致病病原为丁香假单孢杆菌黄瓜角斑病致病型，是一种细菌。

发病条件：高湿。

传播途径：病原菌在种子内外或随病残体在土壤中越冬；由伤口或自然孔侵

入；借气流或雨水传播。

（二）症状

发病初期，在真叶上出现极小的茶色小点，小点逐步扩大，变为黄褐色，形成叶脉包围的多角形病斑，病斑逐渐变成灰白色，脆而易碎，形成叶面穿孔。

黄瓜角斑病叶部症状

（三）黄瓜霜霉病与角斑病的比较

霜霉病与角斑病在症状表现上类似，生产上容易混淆。

两者相同点：均在叶部发生，病斑呈多角状；发病初期显示为水渍状病斑；同时，两者发病条件都需要高湿。

不同点：霜霉病的致病病原菌属于真菌，而角斑病的致病病原菌属于细菌；霜霉病的病征是在病部可长出黑霉，而角斑病没有霉层出现，湿度大时则有菌脓。此外，一般情况下，霜霉病的病斑不穿孔，而角斑病表现可穿孔。

辨别：可将发生病害的叶子采集后，进行保湿培养 24 小时，霜霉病会在病部出现黑霉，显著区别与角斑病。

（四）防治

1.种植耐病品种

可种植津研 2 号、津早 3 号、黑油条等耐病品种。

2.进行无病株留种。

3.种子消毒

种子播种前，进行温汤浸种（50℃ 20 分钟），或 40% 福尔马林 150 倍液浸种 1.5 小时、10% 多抗霉素 500 倍液浸种 2 小时，能有效消灭种子带菌。

4.轮作

有条件的情况下，进行轮作种植，与豆科或葱蒜科效果更好。

5.药剂防治

可选用铜制剂和抗生素类药剂，在发病初期进行防治。药剂有：53.8%可杀得可湿性粉剂 1 000 倍液；14% 络氨铜可湿性粉剂 300 倍液；40% 加瑞农（春雷·王铜）可湿性粉剂 600 倍液；60%DT 500 倍液；10% 多抗霉素可湿性粉剂 600 倍液等。

此外，可用于该病防治的药剂有如下几种。

（1）无机铜制剂。

硫酸铜：可用于配制波尔多液和铜铵合剂；

碱式硫酸铜：波尔多液、铜高尚；

氧化亚铜：铜大师、靠山；

氧氯化铜：王铜；

氢氧化铜：可杀得、冠菌清、丰护安等。

（2）有机铜制剂。噻菌铜、喹啉铜、壬菌铜、松脂酸铜、脂肪酸铜、腐殖酸铜、琥珀酸铜（DT）、混合氨基酸铜、络氨铜（铜氨合剂）、柠檬酸铜、硝基腐殖酸铜、乙酸铜（醋酸铜）、环烷酸铜、胺磺铜、苯甲酸铜和铜皂液等。

（3）抗生素类。井冈霉素、春雷霉素、抗菌霉素（农抗 120）、多抗（氧）霉素（宝丽安）、公主岭霉素、武夷菌素（BO-10）、中生菌素、宁南霉素、四环素、灭瘟素、木霉素、金核霉素、申嗪霉素、长川霉素、梧宁霉素等。

六、问题解答

（一）黄瓜根结线虫病如何防治？

过去黄瓜根结线虫病比较难以防治，主要是缺乏有效的药剂。现在可以使用阿维菌素或者噻唑膦灌根进行防治。如果农药是颗粒剂，也可以在黄瓜定植时，采取在定植穴中撒药的方法，把药剂充分与土壤混合后再定植；如果药剂是微乳剂或者液体制剂，则一般采取定植后进行灌根的办法进行防治，防治效果较好。

（二）如何防治番茄黄化曲叶病毒病？

该病自 2009 年以来发生较为严重，是主要由烟粉虱传播的一种病毒病。烟粉虱与温室白粉虱相比，个体较小，传毒能力强。防治上，一是要注意消灭烟粉虱的基数。在设施种植之前，整地时一定要把所有的活体植物都清理出去，防止这些植物上带有烟粉虱；然后高温闷棚保持46℃闷棚3天以上，有效杀灭残存的烟粉虱。二是温室大棚要悬挂防虫网，防止烟粉虱进入设施棚内。防虫网密度要达到60目以上，才能有效阻断烟粉虱进入。三是发现烟粉虱进入，及时进行防治。可以挂黄板进行诱杀，使用橘黄色黄板效果比较好。必要时，进行药剂防治，用药可以选择阿克泰、瑞劲特、啶虫脒、扑虱灵等。

（三）春季生菜如何防止病害发生？

生菜的主要病害有霜霉病、菌核病和灰霉病等。在育苗过程中，要加强管理，培育无病壮苗。苗期可根据情况，对生菜苗喷施一些杀菌的保护剂，如百菌清、阿米西达等。一旦发现有病害发生，要及时进行对症用药。注意打药时间选择在晴天的上午进行；保护地在打完药以后，一定要等温度上升以后，再进行放风，这样就能起到比较好的防治效果。

新冠肺炎疫情对北京市集约化育苗的影响及对策

‖专家介绍‖

曹玲玲，北京市农业技术推广站育苗技术科科长，高级农艺师，硕士学位，高级职称评委，"12316"农业服务热线岗位专家，北京市叶类蔬菜创新团队岗位专家。主要从事蔬菜集约化育苗技术的研究与推广工作，包括蔬菜新品种引进与筛选，集约化蔬菜育苗技术体系完善与示范推广，蔬菜集约化育苗省力机械引进与应用等。主持或执行科技项目 30 余个；培训技术人员 1 500 余人次。自参加工作以来，获得北京市农业技术推广奖 3 项；主编或者参与撰写书籍 8 本；实用新型专利 3 项；软件著作权 1 项；发表科技论文 50 余篇。

课程视频二维码

一、北京市集约化育苗产业现状

蔬菜集约化穴盘育苗的概念是指按照市场需求，在相对可控环境条件下，以企业为生产主体，采用优良蔬菜品种及先进育苗技术，规模化、批量化的生产商品蔬菜秧苗，并以商品形式提供给蔬菜生产者的一种专业化育苗方式。

区别于"一家一户"的育苗方式，集约化育苗便于集中管理、培育健壮秧苗，更容易实现农业生产的现代化。同时，资材规格统一，成苗后也可与嫁接机械、移栽机械等配套使用，有利于标准化生产和机械化操作。

二、本次新冠肺炎疫情对育苗产业的影响

本次新冠肺炎疫情突如其来，令人猝不及防，北京市的春茬蔬菜生产育苗大致从前一年的 12 月持续到翌年的 5 月，此次疫情正处于北京市育苗的关键时期，受到疫情的影响，在生产中出现了一些新问题，主要表现在如下。

（一）用工短缺

育苗是一个相对用工较多的技术环节，鉴于抗击疫情的要求，用工量受到了一定影响，尤其是外来用工，不好找、找不到，本地工人也略显不足，直接影响到分苗、嫁接、定植等技术环节，造成部分适宜定植的秧苗老化，容易引发各类病害，造成育苗量和育苗质量都有不同程度的下降。

（二）采购物资、出苗不及时

受疫情影响，出现生产物资如种子、基质购买困难、种苗出圃受隔离限制等问题，造成分苗、播种不及时、种苗不能按时出圃占用苗床等情况，增加生产成本。

（三）种苗运输、供应等受限

受疫情影响，交通受限，由于部分种植户从外埠订购种苗，这时苗子进不来，不能及时定植，从而转向本市育苗场，造成部分种苗缺口；同时，部分出圃的种苗受到运输环节的限制，不能及时运走，需要育苗场送货，增加了运输成本。

三、育苗产业管理建议

针对此次疫情，政府相关部门也提出了一些政策帮助大家渡过难关，如新冠

肺炎疫情期间，北京市农业技术推广站已下发了90余期各类生产指导意见指导生产，相关意见材料可以在"北京农技推广网"上查到，同时，应用北京育苗微信、电话调研等多渠道帮助育苗场、种植者调剂销售种苗350余万株，联系番茄、叶菜等蔬菜种子150万粒，嫁接套管30万个，育苗基质9.25万升等，帮助大家渡过难关。协调引进保险公司，及时针对疫情开发农业险种，为育苗场补贴用工等成本增加的部分，减轻育苗企业的负担。

另外，针对疫情中最突出的用工和"延时苗"2个主要问题，提出如下建议。

（一）解决用工短缺

通过及时和客户沟通，调整订单数量、品种，减少延时苗；增加叶菜等蔬菜品种的育苗量，补充北京市场；减少嫁接苗量，用优良品种的实生苗代替嫁接苗，减少嫁接环节的用工量；暂时要求在岗的人员全员加班，尤其是管理人员在技术员的指挥下从事一些力所能及的技术活，需给加班人员支付相应的加班工资，特殊时期共同解决用工问题；在做好防护工作的前提下，近距离调配工人，出现集中用工时，苗场间互相帮助，共同解决难题。调配工人时，需要做好登记体温、记录出行、戴好口罩、固定工作服等防护措施；在工人不足的情况下尽量用机械代替人工，减少用工量，如播种环节，可以请有播种流水线条件的育苗场代替播种。

（二）"延时苗"管理技术

对于育苗场出现的延时苗，重点是控制秧苗生长量，切忌调节剂使用过量，影响定植后生长。可以采用低温炼苗、蹲苗的方法，保证正常生产的前提下尽量降低夜温，多通风，降低湿度，增加昼夜温差，增强光照，适当控水，促使根系发育。同时，秧苗生长量增大，容易造成秧苗密度大、湿度大，产生病虫害，应适当通风，拉开穴盘间距，增施钾肥、钙肥，减少氮肥用量，培育健壮秧苗。

四、嫁接育苗技术

目前，嫁接育苗技术已经是一项非常成熟的技术，在京郊地区应用较多的方法为劈接法—番茄、茄子、辣椒；靠接法—瓜类；插接法—瓜类；断根插接法—瓜类；贴接法—防止了砧木侧芽再生；套管嫁接法—效率高，成活率高。

（一）黄瓜嫁接技术

黄瓜育苗生产中经常会使用嫁接技术，通过嫁接可以改善品质，提高抗性和产量，尤其对耐寒性有明显的提高。

1. 贴接法

黄瓜的传统嫁接方法通常采用贴接法，近年来流行的顶部插接法可以极大地提高嫁接速度，配合适宜的管理方法，成活率可以保持在95%以上。

贴接法流程：把砧木和接穗同时削出比较一致的切口，大概在30°~45°，然后把接穗用嫁接夹直接固定在砧木上，保持它们的子叶水平是一致的。

贴接法流程示范图

2. 顶部插接法

顶插接法可以大大提高嫁接速度，进行顶插接的最佳时期是砧木出现第一片真叶，接穗子叶展平前。一般情况下，砧木先期播种1~2天，种子拱土后再播种接穗，接穗子叶展平前即可嫁接。

第一，用刀片切削接穗，在接穗子叶基部下端约1.5cm处切出带尖端的斜面。

第二，剔除砧木的真叶和生长点。使用专用嫁接针，紧贴任一子叶基部内侧，向另一子叶基部下方呈45°斜刺出，形成与接穗切面基本吻合的刺孔。嫁接针插入茎部顶端时，以不透出为宜。切削接穗时，楔型切口和接穗子叶方向一致。接穗插入砧木时，4片子叶方向一致，不要成十字形。砧木生长点既可在嫁接前去除，也可等嫁接完成后及时去除。

黄瓜顶部插接法流程示范图

3. 嫁接成品苗形态标准

（1）四片子叶完整。

（2）1~2叶一心，叶色浓绿、肥厚。

（3）无检疫性病害、无病斑、无虫害。

（4）高 10~12cm，节间短，茎粗壮。

（5）株砧木下胚轴长 4~6cm。

（6）根坨成型，根系粗壮发达。

（7）苗龄 25~30 天。

（8）定植后缓苗和发根快、适应性强、雌花多、节位低。

（二）辣椒嫁接育苗

在甜（辣）椒上应用嫁接技术可以解决茄果类蔬菜常年种植产生的土传病害积累，田间病虫害难防控等问题，同时，可以在一定程度上提高定植后的产量。

1. 顶部劈接

嫁接宜选在晴天温室内，使用遮阳网挡住大部分的阳光，并减少嫁接场所的通风。尖椒的砧木和接穗选取时应选用生长速度一致的品种。砧木可以选用格拉夫特，接穗选用常规种植的品种，如农大 24 等。砧木长到"六叶一心"，接穗"四叶一心"时即可开始嫁接。

劈接流程为首先进行切削砧木，用嫁接刀劈下 1cm，再把上边的接穗按照贴接的方法一侧切削一刀成楔子型，

接穗展示图　　　　砧木展示图

然后把接穗插到劈好的砧木里再用嫁接夹固定。

劈接流程示范图

2. 甜（辣）椒健壮商品苗参考标准

株高：18~20cm；茎粗：3.5~4cm；叶片数：8~10 片；叶面积：100~120cm^2。

（三）蔬菜苗嫁接后管理

嫁接好的穴盘苗应及时补充水分，最好采用浸盘的方法使基质吸足水分，切忌从上向下淋水，感染伤口。吸足水分的嫁接苗应放置在搭好的小拱棚内，使用塑料布和遮阳网覆盖。

嫁接后的前 3 天确保嫁接苗的小拱棚内空气湿度保持在90%以上，地面可以喷水保湿；在阴雨天气可以早晚适当减少遮阳网的覆盖，使嫁接苗可以见到20%左右的光照；提高拱棚内的温度，最好保证拱棚内夜温不低于20℃，白天温度在25~30℃，高湿可以保护接穗不失水，防止萎蔫，高温可以促进嫁接苗伤口的愈合。

嫁接后的第四天起逐渐通风见光，加大昼夜温差，在阴雨天气时更要注意小拱棚的通风、放风，防止拱棚内空气凝滞，不利于嫁接苗的生长。

生产中经常出现嫁接苗叶子黄化，落叶等现象，大都是由于嫁接后通风不良造成的。在穴盘的嫁接苗中一旦出现此类现象应该立即加强通风，并适当补充一些氮肥，促进生长，还可以喷施少量生长素类物质，如 20mg/kg 萘乙酸等。

嫁接成活的秧苗在经过 3~5 天的适应性炼苗后就可以随时移栽定植，在确保定植条件合适时，尽早定植，防止秧苗老化，影响定植的成活率。

五、叶菜类蔬菜集约化育苗技术

叶菜类蔬菜育苗和果菜类蔬菜育苗有所不同，叶类蔬菜种子较小，不规则且杂质多，部分壳比较硬；在温度管理方面，出芽的时候要求温度比较高，在成苗的过程管理温度则比较低，同时，需要考虑叶类蔬菜春化的问题，所以，叶菜温度管理变化比较多；在肥料管理方面由于叶类蔬菜生育期比较短，所以，肥料需求较少；在定植的时候由于叶类蔬菜根系比较浅所以定植相对较浅，而且定植密度较大，叶类蔬菜的叶片大，相对比较柔嫩，尤其温室里的苗相对于陆地更为柔嫩，所以，需要炼苗和蹲苗的过程。

（一）种子处理

1. 丸粒化技术

种子丸粒化技术，可使作物种子更加抗风吹、耐干旱，同时，更便于机械播种，符合叶菜类轻简化栽培的需要。

值得注意的是使用种子丸粒化技术时，丸粒化前的种子要确保纯度和净度均在 95% 以上，纯度与净度越高，丸粒化效果越好。同时，种子要有足够的活力，包衣后，种子芽率、保质期等会有一定程度的改变。

丸粒化处理器

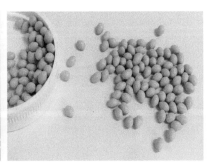

丸粒化种子

2. 催芽技术

与果菜不同，叶菜的出芽温度相对较低，尤其是夏天播种后通常采用低温催芽，以保证良好的出芽率，冬季则需要防止低温烂种。

适宜的温度、充足的水分和氧气是种子萌发的三要素。叶菜类种子发芽时，湿度要保持在90%以上，出芽温度大部分控制在15~25℃。

部分蔬菜催芽温度和时间要求表

蔬菜种类	催芽温度（℃）	时间（天）
生菜	20~22	3
甘蓝	22~25	2
芹菜	15~20	7~10

智能催芽室和简易催芽室展示

（二）播种技术

调研得知，在北京市蔬菜集约化育苗技术中，人工成本大约占到总成本的25%~35%，叶菜种子相对较小，播种时需要更多的人工，随着集约化叶菜育苗量的增加，播种环节需要的人工也在持续增加，机械播种的需求更加迫切。

从下表可以看出，播种流水线播种效率和质量都很高且长期下来成本更低。

不同穴盘播种方式对比

比较内容	播种流水线	半自动播种机	人工播种
每小时播种数量（盘）	500	160	12
漏播率（%）	0.95	1.90	1.90
重播率（%）	0.95	2.90	11.43
播种人工（人次）	3	4	4
播种数量（盘/天）	4 000	1 280	96

不同播种机及人工播种成本对比

	人工	半自动播种机	播种流水线
人工费用（万元/年）	14.60	14.60	10.95
机器费用（万元/年）	0	0.70	4.00
播种成本小计（万元/年）	14.60	15.30	14.95
每年播种量（万穴）	365.0	4 905.6	15 330.0
每穴播种成本（元/穴）	0.040	0.003	0.001
倍数关系	40	3	1

滚筒式播种流水线展示

（三）温度管理——变温管理

大多数情况下叶菜适宜的发芽温度是 15~20℃，25℃以上发芽率显著降低，30℃以上几乎不发芽。合适的温度下 2~3 天发芽，如芹菜、香菜、茴香等。

变温管理要点。

夏季低温催芽—适温出芽—低温拱土—温差管理苗期—冬季防止长期低温春化—出铺前低温炼苗—适温定植。

（四）水肥管理——水分控制

播种时基质含水量应在 40% 左右，如果太湿会影响种子的发根。但是，播种后则需要浇透水，标准为穴盘下部的孔不再透水、滴水为宜。

徒长苗与壮苗展示

拱土萌发时一定要控制水量，防止戴帽出土和秧苗徒长。出土之后谨记小水勤浇和水水带肥的原则。出土之前需要炼苗控水，直接从温室到陆地需要缓苗，使得其适应定植的环境。在定植之后无论是陆地还是温室，都需要浇透水，使其根系和土壤充分融合，更有利于根系萌发减少缓苗过程。下图为常用的喷淋方法展示。

人工手持喷头顶部灌溉

移动式喷灌机顶部灌溉

底部漂浮灌溉

底部潮汐灌溉

（五）定植管理—炼苗出圃

温室育的叶菜苗相对比较柔嫩，叶片含水量大，定植前需要提前炼苗，炼苗的技术关键点主要为控水、控温、加强通风、加强光照等。

另外，叶菜苗在出圃之前建议带肥带药出圃，即提前给穴盘苗进行消毒和施肥管理，可以用浸盘的方式，

带肥带药出圃

从而使其带有药剂防治田间病害，同时，又携带了营养成分，帮助其缓苗时使用。

（六）植保技术—防大于治

通过田园清洁、棚室消毒、种子消毒、病残体处理等措施切断病虫源头，通过色板诱杀、天敌应用等综合措施防控突发病虫，尽量降低病虫为害，做到无病虫绿色育苗。

六、问题解答

（一）嫁接技术能防治蔬菜根结线虫病吗?

根结线虫在栽培过程中的土壤中比较常见，嫁接技术方面除非选用抗线虫比较好的砧木可能会对根结线虫有一定的预防作用，现在有一些专用的抗线虫砧木，如针对黄瓜的"抗线一号"，但是一般的砧木品种是不抗根结线虫的，建议大家做一些土壤处理。

（二）香葱育苗用种子还是鳞茎育苗好?

需要根据不同的品种判断，如普通的四季香葱，在春天直接播种即可。紫花香葱会有一些分蘖或者下部有一些鳞茎，可以找一些比较好的苗再把它们分下去。

（三）嫁接苗生根的注意事项有哪些?

嫁接苗生根和育苗生根有类似的情况，育苗过程中根系很重要，如果根系活力高、发达，植株就会健壮，定植后的生长也会很好。嫁接苗的生根要求前期把砧木的根系促好，如果砧木的根促好，基本上嫁接苗也会没有太大的问题，在黄瓜顶插接的过程中，如果棚里湿度大，接穗的不定根就会长出来，从而影响嫁接效果，所以，在进行黄瓜顶插接的时候，需要注意棚内湿度。

果树专题

樱桃整形修剪技术

‖**专家介绍**‖

张开春，男，北京市农林科学院林业果树科学研究院研究员，主要从事樱桃种质资源收集和评价、樱桃育种及配套栽培技术、果树生物技术等方面的研究工作，现任北京市林业果树科学研究院科研副院长，并担任中国园艺学会樱桃分会理事长、国际园艺学会（ISHS）樱桃工作组主席，享受国务院特殊津贴。

先后主持国家自然科学基金、国家部委、北京市科委等部门课题 40 余项。以第一完成人获北京市科技进步二等奖、神农中华农业科技奖二等奖、北京市农业技术推广奖三等奖等奖项。发表学术论文 130 余篇，SCI 论文 9 篇，主编参编论著 10 余部。

课程视频二维码

一、春季樱桃管理重点

（一）清园喷药

1. 清园

修剪结束后，及时对剪下的枝条和果园的落叶进行集中清理，将落叶深埋树下，修剪下来的枝条带出园外，既可减少病虫源，又可将落叶逐步转化为肥料，培肥地力。

2. 喷药

在3月芽体萌动时，均匀细致地喷布5~8波美度石硫合剂。喷药要求树上及地下均匀覆盖，这样可大大减轻当年病虫为害的程度。当芽鳞开砧后，再喷药时，浓度则相应降低，以免烧芽。

（二）施肥

春季应注意施肥，主要以施氮肥为主，注意控制施肥量。以前推荐每株穴施200~250g，施肥量过多。现推荐少量多次进行施肥，一次20~25g，1周至10天用1次，至硬核期。

可以采取花前喷施方式进行施肥。花前喷肥以尿素配合添加硼肥和锌肥，总浓度控制在5‰，其中，尿素3‰，再添加1‰的硼肥和1‰的锌肥。花后则根据情况进行灌溉追肥。

（三）花期管理

花期管理的重点包括修剪、人工授粉、防低温和疏花4项工作。

1. 修剪

花前修剪的目标是进行花量控制，通过修剪使花量保持相对合理的数量。修剪时，要根据自己的产量目标，既要留够坐果花量，又不能过度负载。基本的原则是够用、稍多即可。如果冬季温度较低，花芽可能受冻，春季修剪时要尽量多留，确保产量。

修剪前要进行花芽质量检查。一是检查花芽大小，花芽饱满，大小适中，说明花芽质量较高。二是检查花芽颜色。花芽棕色、有光泽，表明花芽活性较好。如果花芽呈黑褐色、无光泽，表明花芽受冻或由于其他原因活力降低或死亡。三是可以通过解剖方式进行检查。将花芽采集下来后，进行纵切，查看花内器官情况，是否有黑点等。如果花芽中有发黑或黑点存在，表明花芽受冻，活性降低。

2.人工辅助授粉

人工辅助授粉有很多方式，常用的主要有蜂授粉和人工授粉等。蜂授粉主要是指在春季果园释放壁蜂、蜜蜂、熊蜂等授粉蜂，通过这些授粉蜂访花，促进樱桃授粉。其中，以壁蜂较耐低温，授粉效果较好。人工辅助授粉有两种方式，一是鸡毛掸人工授粉。在樱桃开花授粉期间，人工采取鸡毛掸在花间进行轻掸，增加授粉机会。二是通过采集花粉进行喷雾的方法进行授粉。由于花粉具有一定的存活期，可以加水制成悬浮剂，通过对樱桃花进行喷雾，可以提高授粉概率。

3.防止低温

樱桃花期比较忌讳低温冷害，尤其是大风和倒春寒，容易使花芽受冻，降低活力，造成减产等。可以在果园北方设置防风障，以降低风速，减少果园冻害。

4.疏花

樱桃盛花期后 2 周，可以根据开花量推算坐果量，进行疏花。重点对晚开的花、畸形花、太密的花进行疏除，以降低无效花，控制坐果总量，确保樱桃果大味甜。

二、樱桃的整形修剪

（一）传统树形、树体高大

樱桃的传统树形，一般树体高大。树体高达数米以上，有的甚至更高。传统栽培方式采取大树稀植，每亩 20~40 棵，因此，树的高度都比较高。常见的传统树形如下。

1.小冠疏层形

小冠疏层形是樱桃生产的经典树形，主要由主干、领导干、主枝、侧枝构成的永久性骨干枝以及临时的结果枝构成。树形中央为领导干，主枝着生在领导干上，侧枝着生在主枝上。骨干枝是永久性的，剩余是临时性的枝，主要是结果枝或枝组。

小冠疏层形主干高 60cm 左右，主枝 5~8 个，分 2~3 层，树高 3.5m 左右，树冠半圆形；第一层主枝 2~3 个，留 1~2 个侧枝；第二层主枝 2~3 个，2 个时留 1 个侧枝；第三层不留侧枝。

优点：提高了主干，有利于树下操作，有利于农机操作，同时，提高了结果高度，有利于抗霜冻。因为越接近地面，温度变化越大，霜冻产生就越严重。

缺点：传统的树形骨干枝很多，培养这些骨干枝，就需要一定的年限，需要的时间较长。同时，整形时间长，结果时间晚。好处是树的寿命长，骨架好。缺点是树形高大，造成作业不方便，机械化程度低。

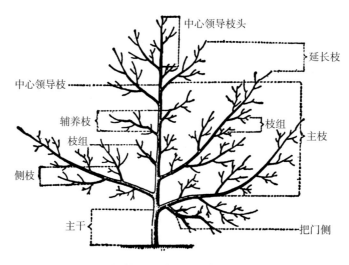

樱桃小冠疏层形示意图

研究发现，樱桃结果越靠近主干和越靠近根系，果形越大。传统大的树形，由于受树形影响，果实离主干、根系的距离差别大，不同部位结的果实，其大小、着色、可溶性固形物和品质不一致，给后期的商品化和分级包装造成困难，尤其是远离主枝、根系的小果，商品性差。因此，树形未来发展的趋势是把树形变小，尽量使果实着生在树干上，或者在靠近中心的主枝上，不需要侧枝，相对简单。

2.大连分层形

该树形的特点是：有主干、主枝，但是没有侧枝，主枝上着生结果枝组。主干低矮，第一层5~8个主枝，上层根据情况留3~4个主枝，中间留出很大的层间距离，分布在主枝上的都是

大连分层形树形

小型结果枝组。这样，不仅提高了通风透光效果，同时，操作简单。

3.纺锤形

纺锤形其实是中央领导干形。树体中央有一个明显的中央领导干，其上分布主枝 20 个左右，主枝上没有侧枝，直接分布小型结果枝组。纺锤形在一般情况下，主枝不能更新。一旦进行更新，如果发不出可以替代的新枝，那么就缺少了一个结果的主枝，尤其是下部主枝不能更新。因此，纺锤形一般更新主枝上面的结果枝组。主枝上的结果枝组一般不能过长，若结果枝过长，不超过 40~50cm。

达到 40~50cm，则称为大型结果枝组，则需要进一步更新。

在纺锤形的基础上，如果把主枝进一步更新，缩短到 1m 以内，并且可以更新，此时的主枝则不成为主枝了，可称为枝组。这时候主干上着生的都是结果枝组，不管大型或者中小型结果枝组。此时的纺锤形树形，称之为"超细纺锤形"。

纺锤形树形（北京市通州）

国外为了降低主干树高，矮化树形，采取了去掉中央领导干，而保留多个领导干的做法，以分散树势，降低树高。这时，樱桃树形有主干，但没有中央领导干，代之以多个直立的大枝，称为多领导干形，如西班牙丛状型。

多领导干形树形

（二）传统树形的改造

生产上的经典传统树形较为高大，不利于操作，可以进行改造，降低树高。改造的总体原则是，一是减少级次，不要侧枝，主枝越少越好；二是打开通风透光；三是注意果实负载量，不要过高，可以通过修剪调节花芽量。

在当前人工比较贵、改造不容易的情况下，建议采取多用锯、少用剪的方式进行。对主枝保留，对侧枝进行改造，直接把侧枝消减改成结果枝组，无论是侧枝还是大型结果枝组，均只保留50cm，其余锯掉。这样，保持所有枝组大小不超过50cm，打开了树枝间的距离，解决树体通风透光问题，能有效提高果实品质，同时，也能降低病虫害的发生。连续如此改造几年，把主枝上分布的侧枝全部改造成枝组，或把主枝上的侧枝个头减小，能够有效降低修剪量，可以进行傻瓜型修剪，逐步向纺锤形树上的结果枝接近。已经达到目标的树形，则进行枝组更新。发现枝组老化，直接从基部去掉，促进在旁边发出再生枝。通过把光路打开，促进小型结果枝组发育。这样，结果枝组年龄小，结的果实就大，果实品质也会提高。

（三）现代树形

优点：省工、机械化和规模化种植。树冠窄、冠径小、没有主枝；结构简单、技术容易掌握、标准化程度高。传统树形可以通过每年修剪，逐步进行改造，往现代树形发展演变。

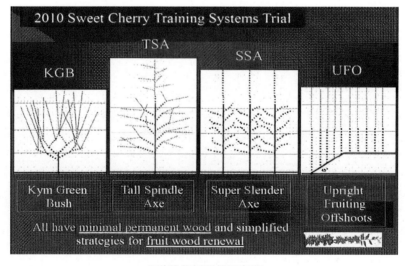

几种现代树形的示意图

1. 凯姆格林丛枝形（KGB 树形）

该树形有明显主干，没有主枝，主干上面直接着生直立的单轴延伸的结果枝组，结果部位很小。

实际生产中，可以把传统树形向这种树形进行改造。修剪时，留下第一层主枝，去掉上面的中央领导干和第二层、第三层主枝，随后从留下的主枝再发出直立朝上生长的枝，基本上就形成了这种树形。

在北京种植 KGB 树形，一定要采用矮化砧；若不采用矮化砧，则需要刻芽，有助于控制树形。

2. 高纺锤形（TSA）

该树形有一个非常明显的中心领导干，领导干上面分枝主干，主干再分枝着生很多混合型大型结果枝组，根据空间调整枝组生长方向。该树形是纺锤形的突破性改进。高纺锤形优点是、修剪管理简单、果个大、品质好。

生产上改造，可以把现在普通树形的上层枝，改造成这种树形。下面保持传统的主干、主枝、侧枝，上层改造成高纺锤，形成传统树形和高纺锤结合的新树形。

3. 超细纺锤形（SSA）

该树形的果园，果树种植很密，一般株距保持在 0.5~1m。树的中心领导干着生主干，上面分布超小型单轴延伸结果枝组或混合型结果枝组。SSA 树形

凯姆格林丛枝形（KGB 树形）
（北京市农林科学院烟台福山樱桃育种与区试基地）

樱桃高纺锤树形

结果枝组明显小于 TSA 树形。该树形结果枝组非常小，一旦枝组变大，则需及时更新。这种树形结的果实非常大，品质超优。

4. 直立主枝形（UFO）

该树形主干呈手臂状向两侧伸展，上面着生单轴延伸的结果枝组。这种树形的优点是结果枝组在一个平面上，管理方便，同时，果个大，品质优。

更新时非常简单，直接将单轴延伸的结果枝组从底部剪掉，再从主枝上发新枝，直立向上生长成为结果枝组。

超细纺锤形田间表现　　　　　　　　　　UFO 树形示例图

5. 篱壁形

该树形树体有中央领导干，两侧分布顺着行向的单轴延伸的主枝，主枝摆在水平铁线上，树冠很窄。树冠厚度不超过 50cm。

篱壁形整形　　　　　　　　　篱壁形树形结果情况（通州樱桃基地）

对纺锤形的树可以往篱壁形的树形进行改造，有助于改善通风透光，促进果实品质提升。

三、问题解答

（一）樱桃最佳施肥是什么时期？

樱桃施肥的时间主要看施肥的方式和用途。喷肥在一年四季都可以进行，大约一年可以喷肥 12~13 次。施肥的关键时期是萌芽期、花前、花后和果实膨大期。

喷肥时应注意，在前期应当以氮肥为主，最好配合硼肥和锌肥；中期注意增加硼肥和磷肥；后期（果实生长后期）则应注意增加钾肥，不施或少施氮肥。

樱桃基肥的施肥时间，应当在秋季樱桃树停止生长以后进行，以有机肥或复合肥配合少量氮肥。在采果后，可适当补充一些磷肥、钾肥，少施氮肥，以免樱桃树旺长。

（二）樱桃树带花修剪应注意哪些问题？

带花修剪是指花期进行修剪，从操作角度，不建议进行花期修剪，花期应当把工作重点放在辅助授粉上。

建议在花前进行修剪。修剪时注意检查花芽情况，稍微多留一些花量，确保产量。花后也可以进行修剪操作，重点是通过修剪调整树形和枝组结构，增加透光量，促进后期提高果实品质。

（三）如何防止倒春寒？

倒春寒是樱桃生产上特别应当注意的不良天气。防止的措施如下。

（1）选择地形地块。种植樱桃的地块不要选择低洼地，因为低洼地容易受到倒春寒影响。

（2）建设防风设施。可在樱桃园北方设置防风林或防风障，抵挡北风、缓解降温。

（3）秋季果树落叶前，对果树喷施尿素等营养物质，提高果树抗逆性，有助于抗寒。或者在寒潮来临之前，喷施天达 2116 等抗逆制剂。

（4）果园燃烟提温。

（5）花期进行灌水，或者降温前进行果园微喷，利用水的热容量大的特点，减少降温幅度，达到抗低温的效果。

（6）使用大风扇，将高层温暖空气吹至树冠。

（四）樱桃树流胶的原因及防治方法？

樱桃树流胶的原因主要有以下几个方面。

一是病菌引起，树体受伤以后，被病原菌侵染，容易引起流胶；二是冬天低温受冻以后再被日灼伤，引起树皮开裂流胶；三是雨季积水，根系被淹以后，树势变弱，也会引起树体流胶。

防治措施有：一是对樱桃进行起垄栽培，防止树根被淹；二是冬季进行树干涂白保护，降低日灼伤害；三是对锯口、剪口进行涂药保护，减少伤口侵染，降低流胶病的发生；四是对已经发生流胶病的樱桃树，应当对流胶部位进行处理。将腐烂组织用干净刮刀刮除后，涂上 5~8 度的石硫合剂进行治疗。

梨树春季管理技术

‖专家介绍‖

刘军，北京市农林科学院林业果树科学研究院副研究员，中国园艺学会梨分会理事，国家梨产业技术体系北京综合试验站站长。

推广使用地布控制果园杂草，筛选适宜北京地区的果园生草草种，大大降低了果园土壤管理成本；研发了有机梨果生产病虫害防治技术，不使用化学农药，有效控制了梨树病虫害，并且果品产量、品质和生产成本能够满足生产要求；引进示范推广弥雾喷药机等果园机械，实现了除花果管理外果园各项作业的机械化、省力化；编写了国内第一部全面介绍西洋梨生产技术的专业著作。

先后参加省部级科研课题 30 余项，参加育成葡萄新品种 4 个，参编北京市地方标准 5 部，发表专业文章 80 篇，出版专业书籍 8 本。获北京市科技进步三等奖 5 项，中华农业科技一等、二等、三等奖各 1 项，北京市农业技术推广奖一等奖 1 项。

课程视频二维码

一、梨产业概述

（一）概述

梨被称为百果之宗，梨树是我国最早栽培利用的果树品种之一。梨树生命力强、适应性强，在全国很多省、市都能发现树龄超过百年的老梨树。梨花洁白，果实鲜美，可以清热润肺、化痰止咳，具有药用价值。我国是梨生产大国，面积和产量都很大。总种植面积为 1 623.3 万亩，总产量为 1 132.35 万 t，分别占世界梨总面积（2 567.6 万亩）的 63.22%，占总产量（1 878 万 t）的 60.30%。

（二）北京地区梨产业基本情况

北京市梨产业总体规模不大，但很有特点。北京市地处华北地区最北端，处于温带和寒带的交界处，地形多样，适合各种梨树的生长。梨树种植范围广，乡村、公园都有种植。包括平原、山区、丘陵和永定河故道等，都有梨树栽培分布。

北京市梨树种植面积和产量情况表

	全　国	北京市	北京占全国 %	北京市排名
面积（千 hm²）	1 113	7.8	0.70	23
产量（万 t）	1 870.4	10.1	0.54	23
单位面积产量（t/hm²）	16.8	12.9	76.8	12

（三）北京市地区梨优良品种

北京市地区梨品种资源丰富。北京市区域内有永定河流域和燕山山脉等资源丰富的地区，有 3 种本地梨获得了国家品种资源认定，分别是京白梨、大兴金把黄鸭梨和平谷区佛见喜。京白梨是门头沟军庄地区的一个优质品种，种植面积不大，品质绝佳，很受欢迎。大兴金把黄鸭梨是具有香味的鸭梨品种，在大兴区永定河故道种植，每年 9 月底至 10 月初才能采摘，糖度达到 13 度左右，有香味，品质非常优异。佛见喜是平谷地区的一个老品种，最近几年发展得比较好，有三大特点。一是外观好，佛见喜果实红色，果形圆正，非常好看；二是品质好，果实糖度高，一般在 15~16 度，最高达 18~19 度；并且甜中稍微带酸，具有香气，风味独特；三是名字好，佛见喜的名称和慈禧太后有些渊源，比较喜庆。优质的京白梨、佛见喜市场价格很高，能卖到 15~20 元 /500g，在全国是很少见的。还有一些省市新育成的优良品种，如雪青、玉露香等；一些国外品种，如丰水、黄金梨等，总共有 300 多个品种。

北京市梨产业有明显的市场优势。有大量的高端消费人群，因此，北京市梨产业应当走都市农业之路，要和二三产业结合，走高端路线，提高品质、确保安全、打造精品，把祖先留下来的传统产业发扬光大。

| 京白梨 | 金把黄鸭梨 | 佛见喜 | 红肖梨 |

北京地区优质梨品种

二、梨春季栽培技术

梨树春季管理非常重要，从每年 3 月至 6 月初，梨树经历萌芽、开花、长叶、坐果、长稍，一直到新稍停止生长等过程，可谓一天一变，栽培措施也是一项接着一项，要把各项栽培措施落实到位，那么至少有六成把握获得好收成。

（一）整形修剪

1. 整形修剪的标准

春季要对梨树进行春季复剪。对冬季修剪的果树进行复查，对修剪不到位的，按照标准进行对照检查和复剪。总体的要求是：枝角度开张好，从属关系安排好，疏清层距阳光好，内膛小枝疏截缓处理好，大小枝组稀密均匀调整好。最后整体的效果达到：大枝亮堂堂，小枝闹嚷嚷。

2. 树形管理

梨树的栽培树形有很多种，要使修剪符合各种树形的基本标准和原则。总体分为立体结果树形、平面结果树形两大类。

（1）立体结果树形。树形要求：树高不能超过行距，行间必须留光带，不能枝满冠、树满园。代表树形包括纺锤形、圆柱形、开心形、疏散分层形等。

纺锤形　　　　　　　　　　　　　　　　圆柱形

开心形　　　　　　　　　　　　　　　　疏散分层形

立体结构树形的代表树形

（2）平面结果树形。平面结果树形相对比较少，是利用水平棚架结果，让树的枝条铺满棚架，利用架面结果。

树形要求：应使枝叶尽快占满架面。

平面结果树形代表

3.修剪要求

（1）幼树修剪。

要求：要避免"任性"，不能欺软怕硬。统一标准，步调一致，才能方便管理，取得胜利。

树高要求一致，整个园子要剃平头，一般高。每棵树同级次的枝应长短、高低基本一致，分布均匀。竞争枝、徒长枝、背上枝如要利用，必须先进行重短截。背上直立枝留3~4个芽重短截，第二年去强留弱、去直留斜，改造成背上枝组。

（2）大树修剪。

要求：要忌顺竿爬，年年在冒出的新梢上剪一剪子。而要根据枝条的主从关系、着生的部位、空间的大小、生长的强弱，短截、缓放、回缩、更新等方法灵活运用，以达到方便管理、优质、高效益的目的。

换头：当主枝头过大或衰弱时，要及时利用预备枝更新替换，使枝头位置较为固定，长势较为稳定。

背上枝组：背上枝组不能高，高了就成了棵小树，造成内膛郁闭，光照不良，药也不容易打透。

4.修剪操作

（1）刻芽。春季刻芽是很重要的整形修剪操作方式。主要针对密植的圆柱树形，以刻代截迅速扩大树冠，增加枝量；避免上强；削弱营养生长，促进生殖生长。另外，枝条缓放后部容易光秃，结合刻芽效果好。

做法：用锯子在梨树萌芽前，在芽的上方刻一个伤口，促进萌芽时形成开张的中短枝。应当注意：黄金、红香酥、绿宝石等品种刻芽后不易形成中长枝，可加大刻芽伤口，并配合使用发枝素。

刻芽对不同品种梨树萌芽率和枝类组成的影响
（河北省农林科学院昌黎果树所）

品种	萌芽率		短枝率		中长枝率	
	刻芽	未刻芽	刻芽	未刻芽	刻芽	未刻芽
黄金	94.29 a	44.74 a	68 a	80 a	32 a	20 a
京白	96.52 a	73.05 b	28 b	48 a	72 a	52 b
南果	100.00 a	82.37 b	28 b	56 a	72 a	44 b
蜜梨	90.96 a	36.35 b	28 b	70 a	72 a	30 b

品种	萌芽率		短枝率		中长枝率	
	刻芽	未刻芽	刻芽	未刻芽	刻芽	未刻芽
绿宝石	96.97 a	41.73 b	76 a	92 a	24 a	8 a
黄冠	100.00 a	40.98 b	24 b	68 a	76 a	32 b
雪青	79.27 a	54.14 a	30 a	50 a	70 a	50 a
红香酥	94.82 a	53.43 a	60 a	70 a	40 a	30 a

＊数字后的字母为同一品种同一指标刻芽与未刻芽处理的差异显著性比较，大、小写字母分别表示在 0.01 和 0.05 水平上差异显著。

（2）花前复剪。对一些容易僵芽、受冻的品种，进行花前复剪，把发生冻害、僵芽的部位回缩回去，或者对冬剪留的长枝进行回缩。雪青、玉露香、秋月、雪花梨等，需要在花前进行复剪。

（3）抹芽除梢。萌芽过后，对长得过密的新梢进行抹除，对出现的多个副芽和营养枝，可以采取抹芽除梢的方式快速去除，只留一个头。

（4）开张枝条角度。使用牙签、铁丝、细绳、开角器和拿枝等方法，开张枝条角度。枝组与中心干的夹角，应当保持 60°~70° 为宜。以改善光照，促进形成花芽。

做法：使用竹夹，夹嫩枝及嫩梢的叶片，进行坠枝开角。另外一种方法称为里芽外蹬。即修剪时，在剪口上方多留一个芽，春天长梢时，第一个芽会直立，第二个芽角度会开张很大，冬剪时把直立枝去掉，留下开张的枝条，达到开张角度的目的。

（二）土肥水管理

1. 土壤管理

生草是梨园土壤耕作制度发展的主要趋势。

优点：可以防止丘陵、山地梨园水土流失，增加水分渗透、减少土壤板结，增加土壤有机质含量。

做法：

（1）树下覆盖，行间生草。具体操作是利用机械粉碎修剪下来的枝条木屑，覆盖在树下，促进行间生草，维护果园生态。设备可以使用可移动树枝粉碎机。

（2）覆盖园艺地布。行内覆盖，每亩投资约 650 元，克服了地膜透气性差、寿命短、易破损、不易回收等缺点，而且从长期看，使用成本也有所降低，在北京市地区得到广泛应用。

（3）全园生草。在果园内全园进行种草，草长起来以后，采取养鹅吃草管理，或者利用割草机管理。梨园生草可以缓和树势，尤其是在密植果园，缓和树势对果树管理非常重要。

2. 施肥

果园的施肥原则是平衡定量，并不是越多越好。

（1）春季施肥。前期促进成花，应多施肥，控水。幼树进入结果期之前，每亩每年施优质农家肥 2~3t。产量上来后，大肥大水。以梨树为例，按每 500kg 果施纯氮 0.3~0.4kg 计算，氮磷钾比例为 1:（0.5~1）:1。

春季施肥尽量不要动土。尤其是在萌芽开花之前，少动土，少伤根。可以采取根外施肥，结合打药施液体肥料，也可以用氨基酸肥涂树干。也可以用施肥枪扎到土中，施到根系附近。

根据树势调整施肥量。树势的判断标准为：壮势树，丰产稳产，枝条粗壮，芽体饱满，贮藏营养水平高，长枝占 5%~10%，中枝占 10%~15%，短枝占 80%~85%；弱势树，贮藏营养水平较低，长枝少而短（或无），中枝占 10%，短枝占 90% 左右，花多果实小，产量低。

梨树施肥的用量和时期

元素	化肥名称	浓度（%）	施用时间	次数
氮	尿素	2~5	萌芽前	1
氮	尿素	0.30~0.5	花后至采收前	1~2
磷	过磷酸钙	1~3	花后至采收前	2~4
钾	硫酸钾	1	花后至采收前	3~4
磷钾	磷酸二氢钾	0.3~0.5	花后至采收前	2~4
镁	硫酸镁	0.5~1	花后至采收前	3~4
铁	硫酸亚铁	5	花芽膨大期	1
铁	螯合铁	0.05~0.10	花后至采收后	2~3
钙	瑞恩钙	0.1	花后 2~5 周内	2~3
钙	硝酸钙、氯化钙	0.3~1.0	花后 2~5 周内	2~3
锰	硫酸锰	0.2~0.3	花后	1
铜	硫酸铜	0.05	花后至 6 月底	1
锌	硫酸锌	5	花芽膨大期	1

（续表）

元素	化肥名称	浓度（%）	施用时间	次数
硼	硼酸	0.2~0.4	花期	1
氮磷钾等	人畜尿	5~10	落花2周后	2~4
氮磷钾钙等	禽畜粪浸出液	5~20	落花2周后	2~4
钾磷等	草木灰浸出液	10~20	落花2周后	2~4

（2）缺肥矫治。

① 缺氮。

缺氮矫治可采用土壤施肥或根外追肥，尿素作为氮素的补给源，普遍应用于叶面喷布，但应当注意选用缩二脲含量低的尿素，以免产生肥害。

方法一：是按每株每年0.05~0.06kg纯氮，或按每百千克果0.7~1.0kg纯氮的指标要求，于早春至花芽分化前，将尿素、碳铵等氮肥开沟施入地下30~60cm处。

方法二：是在梨树生长季的5—10月，可用0.3%~0.5%的尿素溶液结合喷药进行根外追肥，一般3~5次即可。

② 缺硼。

A.硼标准值　叶片硼含量<10 mg/kg为缺乏，20~40 mg/kg为适量，>40mg/kg为过剩。

B.缺硼时的植株表现　春季萌芽不整齐；顶芽附近呈簇叶多枝状；叶变厚而脆叶脉变红叶缘微上卷；叶片丛生出现"簇叶"现象等。

C.缺乏条件　石灰质碱性土，强淋溶的沙质土，耕作层浅、质地粗的酸性土，是最常发生缺硼的土壤种类。

天气干旱时，土壤水分亏缺，硼的移动性差、吸收受到限制，容易出现缺硼症状；氮肥过量施用，引起氮素和硼素比例失调，梨树缺硼加重。

D.矫治方法　矫治土壤缺硼：常用土施硼砂、硼酸的方法，因硼砂在冷水中溶解速度很慢，不宜供喷布使用。

梨树缺硼：可用0.1%~0.5%的硼酸溶液喷布，通常能获得较满意的效果。落花时速乐硼1 000倍喷施。也可以使用美年红、新施尔康等。

③ 缺钙。

A.钙素标准值　叶片全钙含量低于0.8%为缺乏，全钙含量1.5%~2.2%为适宜。

B.缺钙表现　幼叶扭曲变形叶缘出现坏死斑块；新梢顶芽枯死；幼果果皮木栓化；果实缺钙主要表现为果实开裂、表面枯斑和果肉坏死、黑心病等。如酥梨缺钙果实开裂；美人酥缺钙果实表面出现枯斑；早酥梨缺钙果肉坏死；黄冠梨缺钙采前会出现"鸡爪病"；酥梨缺钙贮藏期"虎皮病"等。西洋梨缺钙会造成顶腐病。

C.矫治方法　施用石灰矫治酸性土壤缺钙，不仅能矫正土壤缺钙，而且可增加磷、钼的有效性，增进硝化作用效率，改良土壤结构。倘若主要问题仅是缺钙，则施用石膏、硝酸钙、氯化钙均可获得成功的效果。

植株缺钙矫治：可在落花后 4~6 周至采果前 3 周，于树冠喷布 0.3%~0.5% 的硝酸钙液，15 天左右 1 次，连喷 3~4 次。

果实缺钙矫治：采收后用 2%~4% 的硝酸钙浸果，可预防贮藏期果肉变褐等生理性病害，增强耐贮性。

④ 缺铁。

A.铁素标准值　铁含量低于 20 mg/kg 为缺乏，含量 60~200 mg/kg 为适宜。

B.缺铁症状　缺铁初期嫩叶轻度失绿，叶脉网状。中期表现为叶脉间褪绿，叶脉保持绿色且叶肉黄化间界限分明。缺铁严重叶片白花并出现褐色坏死斑，后期叶片从边缘开始枯死。幼树缺铁影响生长发育，新梢叶片枯死脱落。

C.铁素缺乏矫治　农业措施：增施有机肥或生草覆盖和埋压绿肥，增加土壤有机质、降低 pH 值，提高土壤中铁元素的有效性；地势低洼、地下水位高的果园，应注意及时排水，以减少地表盐含量；盐碱地梨园，早春干旱时要及时灌水压碱。农业措施既能降低土壤 pH 值，又能增加土壤中铁元素的含量，虽然见效较慢，但持续时间长，治标又治本。

叶面喷施：可在新梢旺盛生长期，连喷 2~3 次硫酸亚铁 200~300 倍 + 尿素 300 倍液或黄腐酸二胺铁 200~300 倍液、柠檬酸亚铁 1 000 倍液、硫酸亚铁 400 倍 + 柠檬酸 2 000 倍 + 尿素 1 000 倍液，对黄叶病均有一定的治疗效果。但铁进入叶片后只留在喷到溶液的位点，并很快被固定而不能移动，对喷布后生长的叶片无作用，因此，叶面喷施效果较差，生产实际中已经很少应用。

土壤施铁：对于土壤缺铁的梨园，在梨萌芽前或落叶后，结合施基肥，将硫酸亚铁与腐熟的有机肥按 1∶5 充分混匀，撒施于根系周围环状施肥沟内，覆土后灌水。这种方法对 pH 值 ≤ 7.8 土壤具有一定的作用效果。

在碱性土壤中，单一施入的二价铁盐，绝大多数很快会变成三价铁，不能被植株吸收。因此，对 pH 值 >7.8 的土壤，应考虑增施有机肥、施用酸性肥料来降低土壤 pH 值。不同铁的螯合物在高 pH 值的土壤中稳定性不同，FeEDTA（乙二胺四乙酸铁）适合在微酸性土壤上施用，石灰质土壤则应当施用 FeEDDHA（羟基苯乙酸铁）。

"挖根埋瓶"属于土壤施铁的一种方法，因过于费工，不适宜大面积应用。

树干施铁：

一是强力注射法，又称"打孔注射法"。一般在萌芽前或休眠期，用电钻在梨树主干离地面 30~50 cm 处不同方位错落钻孔 2~3 个，深度约为树干粗度的 1/3 左右，以压力机械注入 0.05%~0.10% 的酸化硫酸亚铁溶液（含 0.1% 的柠檬酸，pH 值 5.0~6.0）。

一般 6~7 年生树，每株注入浓度为 0.1% 硫酸亚铁 15 kg；30 年生以上的大树，每株注入 50 kg。注射后，以木楔堵严钻孔即可。能达到一年复绿，二年恢复产量的显著效果。

二是常压输液法，又称"自流注入法"，仿照医疗上的输液法。自萌芽期开始，将盛有 0.10% 酸化硫酸亚铁溶液的输液瓶挂在树上，把针头置入树体的韧皮部与木质部之间，利用药液自上而下的自然压力，把药液徐徐输入树体内。

常压输液法存在一些缺陷，如输液速度太慢，对症状严重的植株不适用；针头的置入不严实，易造成药液的渗漏；针头出液孔小，容易被堵塞等，实际应用中应当注意。

三是置入胶囊。萌芽前，在梨树主干离地面 30~50 cm 处，用电钻向下倾斜钻孔，深度约为树干粗度的 1/3，直接置入特制的固体铁肥胶囊，将钻孔内注入适量矿泉水，再用木楔封堵钻孔。一般每株树用硫酸亚铁肥胶囊 1~2 g 即可。

与强力注射法相比，此法无需注射设备，1 分钟左右即可完成一株树的胶囊置入，虽然成本大幅度降低，但作用迟缓，矫治效果不甚理想，春梢叶片可以完全复绿，秋梢叶片仍然会黄化。

⑤缺镁。

A. 镁标准值　叶片镁含量低于 0.20% 为缺乏，0.30%~0.80% 为适宜，高于 1.10% 为过量。

B. 缺镁症状　表现为叶脉间失绿，由于镁在植物体内移动性较强，所以，缺镁症状一般表现在老叶上。

C. 缺镁的矫治　通常采用土壤施用或叶面喷施氯化镁、硫酸镁、硝酸镁的方法进行矫治。

叶面喷布：0.3%的氯化镁、硫酸镁或硝酸镁，每年展叶后喷施3~5次。

土壤施用：镁肥可用作基肥和追肥，一般每亩施硫酸镁12.5kg（折合Mg1.2~1.5 kg）。

⑥ 缺锰。

A. 锰标准值　叶片锰含量低于20 mg/kg 为缺乏，60~120 mg/kg 为适量，含量大于220 mg/kg 为过剩。

B. 缺锰表现　由叶缘、脉间开始发生失绿，叶片褪色斑的界限不明显；新叶失绿、老叶仍为绿色，叶片变薄且出现杂色斑点。严重时，整株树冠叶片表现症状叶片变薄脱落、枝梢光秃。

C. 缺锰条件　耕作层浅、质地较粗的山地石砾土，淋溶强烈，有效锰供应不足，容易发生缺锰；石灰性土壤，由于 pH 值高，降低了锰元素的有效性，常出现缺锰症。

D. 矫治方法　梨树出现缺锰症状时，可在树冠喷布 0.2%~0.3%硫酸锰溶液，15 天喷 1 次，共喷 3 次左右。

进行土壤施锰，应在土壤内含锰量极少的情况下才施用，可将硫酸锰混合在有机肥中撒施。

⑦ 缺锌。

A. 锌标准值　叶片全锌量低于 10 mg/kg 时为缺乏，全锌含量 20~50 mg/kg 为适宜。

B. 缺锌表现　缺锌后，植株表现茎叶异常，如巴梨缺锌出现莲座状小叶、节间短，植株矮小等。

C. 矫治方法

一是根外喷布，生长季节叶面喷布 0.5% 的硫酸锌；休眠季节喷施 2.5% 硫酸锌。

二是土壤施用锌螯合物，成年梨树每株 0.5kg，对矫治缺锌最为理想。

三是可采用树干注射含锌溶液、主枝或树干钉入镀锌铁钉等方法。

四是梨园种植苜蓿，有减少或防止缺锌的趋势。

3. 水分管理

（1）总体原则。幼树为促进成花，应多施肥，控水。进入结果期之前，除秋施基肥后灌溉 1 次外，如无特别干旱的情况，一般不再灌溉。产量上来后，大肥大水。梨树灌溉应结合北京冬季、春季和初夏气候干旱的特点，集中在生长季的早期和后期进行。

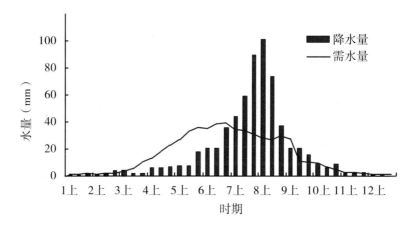

北京市地区降水量与梨树需水量变化图

（2）灌水量的计算。

灌水量 = 灌水面积 × 灌水深度 × 土壤容重 ×（田间持水量−灌前土壤湿度）

例如，要计算 1 亩梨园 1 次灌溉用水量，要求灌水深度为 1m，测得灌水前土壤湿度为 15%，土质为壤土，上表查出 1cm³ 土壤容重为 1.4g，其田间最大持水量为 25%。分别代入上式：

灌水量 = $667m^2 × 1m × 1.4 ×（0.25−0.15）= 93m^3$

即梨园每亩 1 次需灌水 93t。但实际灌水量还要看天、看地、看树、看灌水方式、看树龄、物候期和实际灌溉面积等加以调整。梨园的实际灌溉面积还要除去道路、部分行间，采用漫灌，实际需水量 1 亩约为 70t。

（3）灌溉方法。

① 水肥一体化：为了省工、省水，提倡水肥一体化，通过一体化设施进行。如小管出流、滴灌等。注意管道铺设要避免与土壤或生草管理发生矛盾。可以铺在地布或吊装在树上，割草时不会伤及。

② 沟灌：是果园常用的灌溉方法，是指在作物行距间开挖灌水沟，灌溉水在沟中流动过程中，靠重力和毛细管作用湿润土壤的灌溉方法。

具体做法：挖坑施肥，挖沟起垅，覆盖黑色地膜，交替灌溉，行间生草。

③使用保水剂：又称土壤保墒剂、抗蒸腾剂，是一种独具三维网状结构的有机高分子聚合物。在土壤中能将雨水或浇灌水迅速吸收并保住，变为固态水而不流动不渗失，长久保持局部恒湿、天旱时缓慢释放供植物利用。pH值中性，在释放的水分中没有不良物质，对环境和植物无毒无害，不随雨水流失，多年后自然降解，还原为氨态氮、水和少量钾离子，能有效改良土壤。

三、花果管理

（一）授粉管理

梨树是异花授粉植物，单一品种或不同品种花期不同时，授粉差，就会造成不能坐果，或者能坐果，但坐果种子少、果个小、果形偏，影响商品性。因此，在有条件的情况下，应当进行授粉。

1. 壁蜂授粉

果园条件好，授粉品种花期相遇，可以采取自然授粉，利用昆虫进行授粉。壁蜂是一种能够有效在果园应用的授粉蜂，研究表明，凹唇壁蜂在梨园释放时，具有始飞温度低、日工作时间长、日访花数量多等优点，授粉效率高，是较好的替代蜜蜂为梨树授粉的蜂种。

2. 液体授粉

近几年，经过探索研发了梨树液体授粉技术，可以把花粉制成悬浮液，通过喷雾的方式进行人工授粉，极大地节约了人工授粉的劳力投入。液体授粉，可以采用无人机授粉的方式进行，节约人工。

（二）疏花疏果

1. 化学疏花

在梨坐果有保证的情况下，可以采用化学疏除剂进行疏花。药剂有：10mg/L萘乙酸、400mg/L乙烯利、1 500mg/L西维因及300倍植物源营养液等。在大蕾期疏花效果较好，花序坐果率由80%左右降低到16%~25%。

研究表明，疏除剂不同程度地改善了果实品质。其中，果实平均横径比对照增加了14mm，单果重增加了61.59g，果肉硬度降低了0.7 kg/m²；可溶性固形物含量增加1.5%左右，果实综合品质得到改善。植物源营养液，疏除效果与乙烯利、萘乙酸相似，使用安全，应用潜力较大。

疏花时，也可以使用人工手持式疏花器进行疏花。

2.疏果

在授粉坐果后，要根据情况进行适当疏果。留果要根据花量，同时，要根据果实的序位进行。选适宜序位的果实留下来，保证果实形状、品种等符合品种特点。如京白梨的果实形状就明显与果的序位有关，高序位果特别是副序位果果形指数大，果实变高。

3.春季低温的防控

近年来，随着春季气温不断升高，开花明显提前，倒春寒发生的比例越来越频繁。在梨花期时，0℃的低温就会对花、幼果造成伤害。若致害低温持续的时间只有2~3小时，则冻害较轻；若致害低温持续4小时以上时，冻害就会非常严重。北京的3月下旬至4月中旬，日出时间在6∶00左右，在日出前的凌晨气温达最低点。一般天气的明显降温在午夜2∶00以后，降至-2℃以下温度时距黎明只有2小时，一般不会形成灾害。但如果刚落日就开始降温，夜间24∶00气温就达0℃以下，则最低温可达-4℃以上，低温时间加长到4~6小时，就必然造成冻害严重。

倒春寒的防护方法。

一是应用大型风扇防霜。风扇开启时间为18∶00，关机时间为次日8∶00。风扇作用后将上层的热空气吹下与下层的冷空气混合，梨树树冠层温度升高，而3.5m高处温度降低，改变了梨园的逆温状态。梨树树冠层的温度最大可提升达3.3℃。

二是可以进行药剂防冻。在寒潮来临前1~3天，喷400~600倍液天达2116防冻剂，加3 000倍有机硅助剂，增加防冻剂的延展性和渗透性，既可增加细胞液浓度，又可提高细胞膜的稳定性，起到很好的抗冻保花保果的作用。即使在果树受冻后，若能及时补喷天达2116防冻剂，也能起到缓解冻害的效果。

三是可以应用智能型防霜冻烟雾发生器。通过智能化发生烟雾，进行提温和防冻。该产品拥有安全便捷的设计、智能化温度控制与启动、3小时持续发烟时长、单体可覆盖5亩的烟效。

四、病虫害防治

（一）病害的防治

1.总体原则

适地适栽。加强栽培管理和虫害防治，培养健壮树势，营造适宜梨树生长的环境。

入冬前树干涂白，以减轻冻害，保护剪锯口，刮除老翘皮，刮治病斑，减少病害基数。

根据本地病害发生规律和不同梨品种对病害的抗性，在病害发生的关键时期有针对性地打药防治。特别注意春季下雨之后和夏季进入雨季之前进行防治。

2. 防治方法

锈病：北京地区在花后第一场雨即会发生。防治上，一定要在花后雨前打一次防治用药，尤其是桧柏、沙地柏较多的地区，要提前防治。

腐烂病：总体较为严重。可使用新药辛菌胺醋酸盐进行防治，效果很好。

黑星病和轮纹病：有些品种发生较重，比如京白梨、鸭梨等，应注意防治。

木腐病：老树容易发生，可能造成老树死亡、大枝断裂等危害。防治时注意加强管理，注意伤口保护。

病害防治可结合栽培管理适时进行防治，注意选用合适的化学杀菌剂的同时，可以选用植物源、矿物源农药，一些生物农药如芽孢杆菌对腐烂病和灰霉病等有强烈的抑制作用，也可以尝试应用。

（二）虫害的防治

1. 防治原则

严格掌握农药的使用标准，掌握使用剂量，既保证防治效果，又有助于降低残留。

掌握用药关键时期，根据病虫害发生的规律、危害特点等在关键时机施药，防治病虫害最好在发生的初期或前期进行施用。

掌握安全间隔期，如防治蚜虫的50%抗蚜威，每季最多施用2次，间隔期为15天。

选用高效低毒低残留农药，禁止在果树上施用剧毒、高残留农药。

交替施用农药，能够提高药效，降低抗药性。

2. 防治方法

梨树上的虫害种类比较多，主要有梨木虱、梨小食心虫、叶螨、梨茎蜂、梨实蜂、吉丁虫、金龟子、梨网蝽等。防治中首先要注意进行害虫监测。监测害虫发生的高峰时期，在关键时期用药。用黄板、白板进行诱杀，保护天敌；刮除树干上的老翘皮，有很多种类的虫子和病菌都着生在老翘皮下，刮皮有助于消除基数。

梨小食心虫防治：最近几年推广了迷向丝／迷向素防控的技术，取得了很好的效果。

梨木虱：目前发现有2种。一种是传统梨木虱，以幼虫吸食树的汁液，被害叶、果发生真菌污染，发生煤污病；另一种是新梨木虱，主要为害新叶，在叶片上形成纵沟，造成幼稍畸形，为害幼果和花等。防治上，注意几个关键时期：一是冬型成虫出惊蛰期；二是开花后及花后1周，要及时用药防治。

叶螨：重点在春天进行防治；结合梨园生草，防治效果很好。

梨茎蜂：用黄板诱杀效果很好。

梨实蜂：一般坐果后发生，比较少，可以把被害果尽早摘除即可。

此外，对金龟子、食心虫成虫等对糖醋酒的气味非常敏感，利用昆虫的这种趋化特性防治害虫。

使用方法：

配方组分，糖∶醋∶酒∶水比例为3∶1∶3∶80的诱捕效果最好。

诱捕器类型：盆行诱捕器与梨小食心虫诱芯配合使用效果更好。

五、问题解答

（一）春季梨树如何施肥效果好？

春季是梨树萌芽开花的时期，这一时期可以采用根外施肥的方式进行施肥，尽量少动土、少伤根，效果比较好。因为春季果树生长利用的是上年储存的养分，一般在根部、树干和花芽中，伤根对萌芽开花不利，而采用根外施肥的方式进行营养补充，不伤根更有利于果树生长。可以在打药时，通过在药液里加入可溶性肥料，如尿素或者磷酸二氢钾等方式进行。花前结合防治病虫害，在药液里可以加入浓度为1%~3%的尿素，等到坐果以后，就可以进行土壤施肥了。

（二）怎么防治梨树的木腐病？

木腐病是一个主要侵染老树的病害。一般情况下，树龄老了以后，树势变弱，容易在伤口附近被腐生菌侵染，长出一些像木耳之类菌状物。防治方法是加强老树管理，增强树势，能够减少该病的发生。要注意果树锯口等修剪伤口的处理，在伤口涂抹保护剂，保护伤口不被病菌侵入。已经长出来的腐生菌要刮除，刮除以后可以涂抹石硫合剂的药渣进行杀菌保护，另外，也可以涂一些如福美胂杀菌剂，效果很好。

（三）如何避免果树大小年?

果树大小年是生产上常见的现象，主要原因是由于果树负载不均衡造成。解决的办法就是合理负载，使年度之间产量负载均匀。在花多的年份，不要让果树结果过多，否则，就会使果树负担过重，造成来年形成的花芽减少，就会形成小年。可以通过修剪的方式进行控制。花多年份可以多修剪，把成花量降下来，花少的年份则相反，应当通过缓放的方式，多留花芽。同样，在疏果阶段，也可以进行控制。每逢大年则加大疏果力度，降低果树负载。小年则少疏多留。这样，每年控制果树的结果量起伏变化不大，负载均衡以后，就能有效避免大小年现象的发生。

养殖专题

北京油鸡林下种草别墅养殖模式

‖专家介绍‖

　　刘华贵，男，1966 年 8 月出生，博士，享受国务院政府特殊津贴，北京市农林科学院畜牧兽医研究所研究员，北京油鸡研究开发中心主任，国家肉鸡产业技术体系大兴综合试验站站长。兼任中国畜牧业协会家禽分会专家委员会成员、中国优质禽育种与生产研究会常务理事、北京市畜牧兽医学会常务理事。主要从事北京油鸡品种资源保护、育种、健康养殖及示范推广工作，培育北京油鸡优质蛋兼用配套系 1 个，成为企业开发生产高档禽类产品的首选鸡种之一。研究成果先后获北京市科技进步一等奖、二等奖，北京市农业技术推广二等奖等科技奖励。个人先后获北京市农业科技先进工作者、北京市农村发展"十佳"先进工作者、中国畜牧行业先进工作者等荣誉称号。出版书籍 6 本，发表有关科学论文 60 余篇。

课程视频二维码

北京油鸡是我国一个非常著名的地方鸡种，以外貌奇特、肉蛋品质优良而著称，已被农业农村部列为国家级重点保护品种。北京油鸡原产于京郊，品种形成于清朝时期，距今已有近300年的历史。曾为清朝皇宫御膳用鸡，有"太后非油鸡不食"的传说。1988年末代皇帝之弟爱新觉罗·溥杰题词"中华宫廷黄鸡"。北京油鸡原产地在北京城北侧安定门和德胜门外的近郊一带，以朝阳区所属的大屯和洼里2个乡最为集中。当年的洼里是一片鱼水风光，孕育了北京油鸡；如今的洼里是"鸟巢"所在地，孕育了世界奥运。20世纪80年代从原产地消失，目前仅存于保种场内。

一、北京油鸡品种特点

（一）外貌特征

1."三毛"特征

北京油鸡的外貌特征非常独特，通俗地讲，它有"三毛"特征，三毛指头上长冠子的地方有毛冠，下颌部分长肉垂的地方有胡须，鸡的爪子上长有毛，称作头顶凤冠、颌垂胡须、脚生羽翼，是北京油鸡的一个典型的外貌特征。

头顶凤冠

颌垂胡须

脚生羽翼

北京油鸡（"三毛"特征）

2.五趾特征

普通鸡是4个脚趾，北京油鸡有5个脚趾。这个特征在屠宰以后可以很好地与其他鸡种进行区别。

（二）肉蛋兼用

北京油鸡是一个肉蛋兼用的鸡种，如果肉用，养到4个月可以上市，养到5个月质量会更好，上市后一只鸡的价钱能卖到100~150元。如果让油鸡产蛋，养到5个月左右就开始产蛋，鸡蛋能卖到2~3元一枚，品质非常好。一个产蛋周期结束以后，可以作为优质

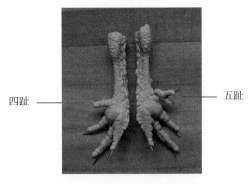

四趾

五趾

北京油鸡—五趾特征

老母鸡出售，一只母鸡可以卖到 100 多元。

1. 肉用特征

北京油鸡商品鸡一般 110~120 日龄上市，平均体重 1.4~1.5kg；油鸡的生长速度为普通白羽肉鸡的 1/4。北京油鸡屠体外观颜色微黄，皮下脂肪沉积良好，肉质细腻，鸡香浓郁。因为生长周期长，机体内沉积有大量的风味物质。烹调时即使只加水和盐清炖，鸡汤也非常鲜美。一是北京油鸡肌肉游离氨基酸含量高于普通鸡种。通过实验室的测定，北京油鸡肉的味道非常鲜美，是因为肌肉中的游离氨基酸含量非常丰富，游离氨基酸是提供鲜味的物质，味精谷氨酸就是一种游离氨基酸。二是北京油鸡肌内脂肪含量和不饱和脂肪酸高于普通鸡种。

2. 蛋用性能

北京油鸡 5 月龄左右开始产蛋，年产蛋量 180 枚左右。鸡蛋平均蛋重 50g 左右，蛋壳为粉白色或者浅褐色；蛋清黏稠，蛋黄颜色较深；口味清香。经过测定，北京油鸡鸡蛋中卵磷脂含量高于普通鸡蛋 30%。卵磷脂是一种保健物质，所以，北京油鸡的营养价值要比普通鸡蛋高一些。

由于北京油鸡独特的外貌特征和优异的肉蛋品质，2005 年 5 月，被北京市科委、北京市农委联合认定为北京市首批 9 个优质特色农产品之一。

目前北京油鸡的保种场位于大兴区榆垡镇，占地 51 亩，年饲养种鸡 2 万套，

北京市农林科学院畜牧兽医研究所从 1972 年开始承担北京油鸡的保种、选育和研究工作。到目前为止已经有 40~50 年了，目前保种场保留的有北京油鸡的原种以及配套选育的新品系，可常年对外提供雏鸡和种蛋。

经过几十年科学选育，北京油鸡典型外貌特征得到完全恢复，三毛的特征已经恢复到 100%，凤头、胡须、毛腿的特征非常明显，养殖北京油鸡具有一定的观赏性，商品鸡中"五趾"比例从 30% 提高到 90% 以上，可以作为特色外包装性状与其他鸡种进行区分。

通过基因检测，剔除了种鸡携带的鱼腥味敏感基因，鸡蛋品质更有保障。严格开展了种源性疾病的检测净化，种鸡更健康。禽白血病和鸡白痢检测净化均达到国家种鸡健康标准。小鸡比较好养，成功率很高，一般正常的饲养条件下，42日龄的成活率达到 97%~98% 以上。

这些年也在北京市郊区以及全国各地进行了北京油鸡的示范推广，在京郊及外省市建立示范基地 10 个，通过示范基地辐射带动和宣传，北京油鸡的养殖规

模和养殖范围显著扩大，逐渐形成了北京油鸡特色养殖产业。

二、林下养鸡模式

北京市 2012 年开始了平原造林工程，到目前为止已经实施了两期，一共有 200 万亩。2012 年栽种的树木，到现在已经 8 年的时间，树木已经成林，生态效益显著，改善了北京市的生态环境。但是如何发展林下经济，提高土地利用率，是一个新的课题，针对这个问题，我们进行了林下养鸡的试验示范。

林下养鸡不是一个新鲜事物，从南方到北方都有林下养鸡的形式存在，林下养鸡有 2 种大的类型：大群集中饲养模式和小群分散饲养模式。

（一）大群集中饲养模式

集中饲养模式顾名思义就是群体大、密度高。在林地建设大的鸡舍，可能是 $300m^2$，也可能是 $500m^2$，也可能是上千平方米，一个群体的鸡可能是 2 000~3 000 只，也可能是 5 000 只，也可能是上万只，这种集约化的饲养模式便于集中管理，不过也存在一定的争议，因为它对生态环境或多或少有一定的影响。

（二）小群分散饲养模式（别墅养鸡模式）

小群分散饲养模式是在林地分散建立若干小型鸡舍，鸡群规模小、密度低，有利于生态保护，但管理成本相对较高。在林地建设小的鸡舍，可能是 $2~3m^2$，大点的可能是 $10~30m^2$，同时，在林地分散开，这样做的目的主要是为了降低鸡的群体大小，同时，降低

饲养密度。因为鸡一般在鸡舍周围 30~50m 的范围活动，远一点可以到上百米的范围，更远的地方就很少有鸡过去。通过这种模式，鸡在林地饲养的密度很低，林地有草，鸡可以吃到草和一些昆虫，对鸡的品质更有好处。

三、别墅式鸡舍的建造以及配套设施

林下养鸡场地选择：地势高燥，无低洼积水现象；防疫隔离条件良好；具备高大落叶乔木，夏季可以遮阴，冬季可以接受阳光；林地郁闭度适宜，适宜牧草生长，避免夏季潮湿；水电路等基础设施良好，管理方便。

规划布局：每亩林地建设小鸡舍1个，鸡舍成排布局，均匀排列。建设前预埋上水管道和供电线路。

下面是林下养鸡平面布局图，规划了6亩的林地，长72m，宽56m，北京的平原造林行距是4m，株距也是4m，规划了7行树，是28m，盖一排鸡舍，每一栋鸡舍之间的距离是24m，28m×24m正好是1亩地，在1亩地上建一个小鸡舍，小鸡舍的面积推荐建12m²，也可以根据需要，略微地放大或者缩小。鸡舍的宽度只能建3m，因为树的行距是4m，不能把鸡舍紧挨着树建，要留下一定的距离，最大宽度建3m，可以建3m×4m、3m×5m、3m×6m，或者2m×3m、2m×4m，大家可以根据具体情况进行安排。

在林下种草的情况下，一亩林地养殖100~120只鸡，没有种草的情况，密度可以适当的放低，根据林地植被的情况进行综合考虑。

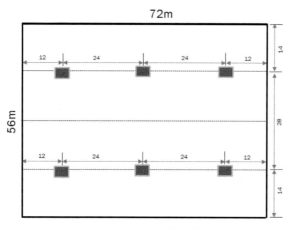

平原造林株行距为4m×4m
鸡舍间距28m×24m（1亩）
鸡舍面积3m×4m=12m²
养鸡数量100~120只/栋
养殖密度100~120只/亩

林下养鸡平面布局图（6亩）

建筑材料：推荐无机玻璃钢（菱镁保温板）：价格便宜，20.0元/m²，施工简单，不需要硬化地面，也不需要地基，在地里挖30cm的沟，把板材埋下去，一块一块拼装起来就可以了，不破坏土地，以后不养鸡了，拆除后还是林地。

1.围栏

鸡舍外的围栏：围栏面积为舍内面积的 1~2 倍，高度 1.6~1.8m。

围栏面积为舍内面积的 1~2 倍

鸡舍外设立围栏活动场地

2.舍内地面

舍内地面分为地面垫料养殖（稻壳）和塑料漏粪板网上养殖 2 种。

地面垫料养殖（稻壳）：铺设稻壳作为垫料，就是地面垫料养殖。

塑料漏缝地板网上养殖：在地上铺塑料漏粪板，有工厂专门生产，离地 40cm，鸡粪可以通过空隙漏到下面，在平时饲养过程中不需要清粪，等一批鸡出栏后，把地板掀开，再进行清粪和打扫就可以了。这种地板网是可以拼接的，组装形式的，有 0.5m×1.0m 和 0.5m×1.2m 的规格，组装、拆卸都很方便。

地面垫料养殖（稻壳）

塑料漏粪板网上养殖

3.喂料设施（料槽）

料槽有很多种，通过近几年的观察分析以及使用的效果，发现用 PVC 排水管改装的最好，直径 16cm，用切割机切开一定的缺口，就可以当料槽用了，把两头用堵头补起来，这种管子两边是收口的，饲料不容易被鸡弄到地面上来，

不会浪费饲料。

4. 饮水设施

饮水设施用自动饮水器，自动饮水器有2种。

一种是普拉松饮水器，是悬吊在空中，缺点是容易把水溅撒在垫料上，垫料潮湿容易出现臭味，另外，容易落入粉尘，饮水器比较容易脏。

另一种是乳头饮水器，不容易受到污染，鸡时时刻刻都可以喝到清洁的水，很简单，很省事。

普拉松饮水器

乳头饮水器

5. 产蛋设施

推荐标准化的产蛋箱，100只鸡配一个24穴的标准产蛋箱，比例是1:5，也可以把一组产蛋箱，变成两个半组，靠墙放置，也相当于一个整组。

24穴产蛋箱

12穴产蛋箱

近几年还有用集蛋式产蛋箱的，鸡产蛋后顺着斜坡滚到传输带上（在金属的方盒子里有一个传输带），产完蛋后，在室外通过手摇轮子，就可以把里面的鸡蛋传输出来，不用去鸡舍里面捡鸡蛋，造价要比上面的产蛋箱高一些。

集蛋式产蛋箱　　　　　　　　　　　　手摇式传输带集蛋

6.栖架

鸡舍里要配置栖架，鸡属于鸟类，喜欢栖息在高处，鸡离开地面的粪便也比较健康和卫生，另外，可以提高空间的利用率，增加养殖密度。栖架可以用镀锌管、木棍、竹竿来进行制作。

栖架

四、林下种草及利用

在传统的林下养鸡中，林地不种草，采用别墅养殖模式不但要降低养殖密度，还要人工种植一些草，一方面可以节约精料，试验数据表明可以节约10%~15%的精料；另一方面鸡多吃草还可以改善产品品质，鸡蛋蛋黄更黄，肉鸡的皮肤颜色也更黄，同时，可以改善林地的生态环境。

林下种草时，林地的郁闭度不能太高，必须有阳光投射进来，如果郁闭度太高，可以适当的修剪树枝，或者间伐一部分树木。

牧草品种：通过近几年的试验发现，最适合的牧草品种是菊苣草，又名欧洲菊苣，为菊科属多年生草本植物，一次种植可连续利用10~15年，在北京地区可自然越冬，但最好还是进行地膜覆盖后越冬。菊苣再生力强，产草量多，每年可收割6~8次，亩产鲜草2万千克。

林下种植的菊苣草

通过化验测定，发现菊苣的蛋白质含量达到22.4%，高于苜蓿，粗纤维含量明显低于苜蓿，鸡不是草食动物，对粗纤维的消化利用率低一些，所以，菊苣的营养价值比苜蓿高。

菊苣推荐8月中旬播种，4月或者5月也可以播种，但是赶上雨季，杂草会很多，需要人工除草。8月种植可以避免这个问题，到10月25日就可以放牧了。菊苣生长周期很长，接近8个月的生长期，霜冻后还可以生长。在北京地区需地膜覆盖越冬，覆盖前浇水，翌年4月返青。

菊苣放牧利用：设置围栏，控制放牧时间，防止过牧。

五、饲养管理

（一）北京油鸡的饲养管理分为3个阶段

第一个阶段，育雏阶段：1~6周；第二个阶段，育成阶段：7~18周（肉用：18周上市）；第三个阶段，产蛋阶段：19周至淘汰。

（二）各阶段的饲养管理要点

1. 育雏阶段

刚出壳的雏鸡全身为绒毛，羽毛还没有长全，而且自身调节体温能力差，对低温的抵抗力很差。因此，重点是要做好保温工作。

第一周要求鸡舍的温度33℃左右，以后每周降低2~3℃，一直到6周龄降到20℃左右。

2．育成阶段

转群：6~8周龄根据环境温度转群。7周龄后，把鸡转入到林地，先把鸡转到小鸡舍里，圈养1周，逐渐熟悉鸡舍的环境、饲料等，等适应了环境，再陆续地放到林地进行饲养。放入林地的时间，根据不同季节灵活掌握，如果天气冷，把鸡养的适当大一点，如果是夏季，天气热，可以适当的早1周或者1周多也是可以的。

公母分群：公母鸡生长速度不同，公鸡生长快，母鸡生长慢，体重相差20％以上。转群时按性别分群，实行公母分群饲养，以便更好的管理和分批出栏。

育肥：4~5月龄上市。上市前15~20天开始肥育。在饲粮中添加3％的油脂，提高日粮的能量浓度和脂肪含量。同时，应限制其活动，降低光照强度。

3．产蛋阶段

开产日龄：5个月左右开始产蛋。

产蛋窝：在开产前按照1：5的比例提前把产蛋箱或者产蛋窝准备好，提前做些调教训练的工作。在产蛋箱里放入引窝蛋或者白色乒乓球，避免鸡把鸡蛋下到产蛋窝的外边。

补充光照：开产后第一周每天增加0.5小时的光照，以后每周增加0.5小时，直到达到16小时光照保持恒定。

饲料：注意钙的补充。减少软壳蛋，防止母鸡瘫痪。

在产蛋阶段，特别注意鸡蛋的卫生情况。

六、疫病防控

原则：预防重于治疗，饲养重于预防。

对于鸡来说，重大的传染病，如新城疫、禽流感等病毒性的传染病，是没有药物可以治疗的，只能预防，预防要从以下几个方面综合采取措施。

（一）采用全进全出的饲养工艺

同一栋鸡舍只养殖同一日龄的鸡，大鸡和小鸡不要混合饲养。

（二）科学饲养，提高鸡的抵抗力

鸡舍建造要合理、饲养密度要合适，饲料要营养、全面、均衡，鸡健康了，抵抗力自然就增强了。

（三）搞好环境卫生和消毒工作

鸡舍不能太脏，不能有臭味。要定期对环境进行消毒，杀死病原微生物。散养场地避免积水，积水后很容易变成脏水，鸡接触到脏的东西，很容易拉稀，容易诱发大肠杆菌病等。

（四）谢绝参观，避免随意引入其他鸡只

减少参观，减少外面车辆以及各种物品和人员的进入，特别注意拉鸡、鸡蛋、鸡粪的车。因为这些车经常在各个养殖场来回转，很容易把病原微生物带进来，当人员不得不进入场地参观时，要做好消毒工作。

（五）按免疫程序接种

按照北京油鸡的免疫程序进行科学的免疫，各种疫苗要做到位，鸡接种疫苗后产生抗体，预防传染病的发生。新城疫、传支饮水免疫的效果不好。

（六）减少用药

药物特别是抗生素对鸡是有副作用的，会损伤动物的肠道及内脏器官，国家已经制定了政策，在动物没有发病的情况下不要在饲料和饮水中添加药物进行疾病的预防，提倡无抗养殖。

商品代北京油鸡推荐免疫程序如下表。

商品代北京油鸡推荐免疫程序

日龄	疫苗种类	接种方法
1	马立克 CVI988 液氮苗	颈部后 1/3 处皮下注射
6	新城疫 - 传支二联活疫苗	滴眼
12	法氏囊中等毒力活疫苗	饮水
16	新城疫 - 传支 - 禽流感 H_9 三联灭活苗	颈部后 1/3 处皮下注射
	新城疫 - 传支二联活疫苗	滴眼
21	禽流感 H_5 二价灭活苗	颈部后 1/3 处皮下注射
	传喉 - 鸡痘二联活疫苗（威多妙 喉痘）	翼膜刺种或皮下注射
26	法氏囊中等毒力活疫苗	饮水
32	新城疫 - 禽流感 H_9 二联灭活苗	颈部后 1/3 处皮下注射
	新城疫 - 传支二联活疫苗	滴眼
40	禽流感 H_5 二价灭活苗	颈部后 1/3 处皮下注射
120~150 日龄以内出栏肉用鸡免疫以上疫苗，留作产蛋用的母鸡和长期饲养公鸡增免以下疫苗		
110	新城疫 - 传支 - 禽流感 H_9 三联灭活苗	胸肌注射
	新城疫活疫苗	滴眼

（续表）

日龄	疫苗种类	接种方法
120	禽流感 H_5 二价灭活苗	颈部后 1/3 处皮下注射
300	新城疫 – 传支 – 禽流感 H_9 三联灭活苗	胸肌注射
	禽流感 H_5 二价灭活苗	颈部后 1/3 处皮下注射

冬春季节疫情敏感时期的防控：每年的入冬或者早春，往往是禽流感多发的季节，要避免鸡群与野鸟接触，可以在圈内饲养，或者围栏罩上防鸟网，避免野鸟把传染病带进来。树木需要打农药时最好是选择无毒的生物农药，如果打有毒性的农药，要把鸡群圈养，圈养时间的长短根据农药的消减情况进行确定，防治鸡农药中毒。

七、效益分析

（一）提高土地利用率，增加林地收入

鸡蛋生产成本 1.0 元 / 枚，销售价格 2.5 元 / 枚，销售及包装成本 0.5 元 / 枚，净利润 1.0 元 / 枚。散养北京油鸡正常情况下年产蛋 150 枚左右。如果按照保守数字年产蛋 120 枚计算，每只母鸡每年获得产蛋净利润为 120 元。

母鸡产蛋淘汰以后可作为优质老母鸡上市销售，市场销售价格为 100~150 元 / 只。如果按照保守价格 100 元 / 只计算，扣除产蛋前饲养成本 60 元，每只鸡可盈利 40 元。

综合鸡蛋及鸡肉销售合计，每只北京油鸡每年可以创造 160 元净利润。

按照每亩林地饲养 100 只鸡计算，每亩林地可以增加收入 16 000 元。

（二）培肥土壤，促进林木生长

每只鸡每天排放鸡粪（鲜粪）100g，每只鸡每年产鲜粪 36 kg，折合成干粪约 9kg。如果每亩地养鸡 120 只，每年产鲜粪 4 320kg，折合成干鸡粪约 1 080kg。如果每亩地养鸡 50 只，每年产鲜粪 1 800kg，折合成干鸡粪约 450kg。

鸡粪为非常优质的有机肥，施放到林地将大大提高土壤肥力，促进林木生长。

（三）减少林地生态破坏，促进环保

小群分散、低密度饲养避免了传统集约化规模化散养对林地生态的破坏，植被覆盖度可以达到 90% 以上。

鸡舍建设不硬化地面，不破坏土地。即使今后不养鸡以后，仍然可以从事农业生产。

（四）鸡群采食大量优质牧草，品质更优

鸡群采食大量的优质菊苣牧草，可以补充大量优质植物蛋白、维生素和叶黄素等，鸡肉、鸡蛋的品质明显改善和提高。放养期平均节约精料补饲量 10% 以上。

（五）动物福利高，鸡群不易生病

养殖密度低，草地放养面积 7~12m^2/ 只；林地负氧离子浓度高，空气更加新鲜；户外运动增加，享受阳光沐浴；更健康，生病少，药物投入少，产品绿色健康。

（六）控制杂草生长，减少林地管护成本

北京市平原造林工程每亩林地的管护投入为 4 元 /m^2，折合为 2 664 元 / 亩。每到夏季，需要投入人力清除林地杂草。林地养鸡以后，生长的植物被鸡吃掉，不用投入人工打草了。

（七）林下养鸡还可减少林地害虫发生，减少农药投入

八、总结

林地种草"别墅"生态养鸡模式可以充分利用现有林地发展特色养殖业，勿须另行占用土地，实现林—草—禽—地等要素的有机结合，有效盘活林地资源，是发展林下经济、促进农民增收的重要途径。北京现有林地面积约 1569 万亩，占全市国土面积的 63.7%，因此，林下经济的发展具有广阔的空间。可以促进北京市特有地方鸡种资源的保护和开发利用，同时，为首都市民提供高端特色的禽类产品。

九、问题解答

（一）樱桃树下可以养鸡吗？

现在好多果树都是矮化密植的，树干比较矮，鸡容易上到果树上面，会吃掉部分水果。有 2 种解决方案，要看是以养鸡为主还是以种植果树为主，如果养鸡产生的价值比水果大，鸡吃点水果也是可以的。如果在意鸡吃水果，只好不养，或者在樱桃采收完之后再养。

（二）内蒙古可以养殖北京油鸡吗？

内蒙古可以养殖北京油鸡，内蒙古的乌兰察布、通辽以及呼和浩特市周边的地区等都有养殖。从全国看，内蒙古是养殖北京油鸡比较多的地区。但在内蒙古养殖油鸡，冬天不建议散养，舍内养殖就可以了，或者入冬前把鸡淘汰。

（三）林下养鸡成本高吗？

养鸡单从成本讲，散养的成本比笼养的成本要高一些，散养鸡要跑动，增加了运动量，增加了消耗，散养鸡还受到温度等气候条件的影响，但是散养鸡产品的价格也会高一些，养到4个月，成本在40元左右，养到5个月，成本在50元左右。鸡蛋的成本，一个鸡蛋的成本在0.8~1.0元。

（四）油鸡初产蛋比其他阶段产的蛋是否营养价值高？

市面上有把初产蛋单独包装、出售的情况，价格比普通蛋高一些，但是从营养价值看，初产蛋和后面产的蛋并没有营养成分上的优势。

北京地区大口黑鲈池塘养殖技术介绍

‖专家介绍‖

马立鸣，高级工程师，现任北京市水产技术推广站推广科科长，从事北京水产新品种、新技术的引进、研究、推广及技术服务工作17年。先后主持或参与省部级科研推广项目30余项，获得省部级以上奖励6项，发表专业论文20余篇，主持或参与编写专业书籍5部，对适合北京地区的水产名优品种及先进渔业技术的研发与应用具有丰富的经验，常年在京郊水产养殖一线开展技术推广与服务工作，为北京市水产事业的健康、稳定、可持续发展作出了重要贡献。先后获得了"北京市郊区致富带头人"称号和第九届"全国农村青年致富带头人"等称号。

课程视频二维码

近年来，大口黑鲈在北京地区得到了快速发展，养殖规模与市场容量逐年扩大，在带动一批养殖户实现增收致富的同时，为加快北京市渔业转型升级起到了较大的推动作用。北京市水产技术推广站自2015年以来，一直致力于该品种的引进、试验与推广，经过多年积累，总结形成了京郊池塘养殖大口黑鲈的技术方案，以供北京地区广大养殖户参考。

一、大口黑鲈介绍

大口黑鲈俗名加州鲈，在分类学上属鲈形目、太阳鱼科、黑鲈属。该鱼原产于北美洲，是一种肉质鲜美、无肌间刺、生长快、易起捕、适温较广的肉食性鱼类。

生物学特性。

（1）食性。肉食性，口内具绒毛状细齿，有胃，可食部分占体重的86%。人工饲养环境下可投喂野杂鱼，经驯化可投喂高蛋白的人工配合饲料。已知最大个体9.7kg。

（2）形状特性。身体呈纺锤形、口裂大。身体两侧有排列成带状的黑斑，体披细小栉鳞。

（3）生活特性。中下层鱼类。喜栖息于沙质或沙泥质且混浊度低的静水环境，尤喜群栖于清澈的缓流水中。经人工养殖驯化，已能适应较为肥沃的水质。生存水温范围：1~36℃；生长最适水温：22~27℃；摄食水温：12℃。溶氧要求4mg/L以上，低于2mg/L出现浮头，1mg/L以下开始致死。盐度耐受：15‰以下。

（4）繁殖习性。自然条件下2年性成熟，人工养殖条件下1年性成熟，但第二年和第三年的繁殖效果较好。繁殖温度：18℃以上，20~24℃最佳；孵化温度：22~26℃最佳。怀卵量：体重1kg的雌鱼怀卵量为4万~10万粒。卵为黏性卵。

二、大口黑鲈国内与北京的养殖发展情况

（一）发展历程

中国内地最早于1983年由中国台湾地区引入内地，并于1985年人工繁殖获得了成功，由此拉开了该品种在内地养殖、发展的序幕。2015年以后，随着大

口黑鲈人工配合饲料逐步成熟与推广，该品种的养殖规模逐年扩大。据统计，截至 2018 年，国内的大口黑鲈养殖面积已经突破 28 万亩，产量达到 43.21 万 t，年产值突破百亿元，现已成为国内最为活跃的水产养殖品种之一。2019 年产量达到 50 万 t 左右。全国苗种需求量每年 400 亿尾左右。

（二）国内主产区

最大产区是广东省地区（珠三角）：约占全国的 60%。

浙江省、江苏省地区（长三角）：产量约占全国的 30%。

湖南省、湖北省、江西省、四川省、福建省、河南省等地：产量占全国的 10% 左右。具体见下图。

此外，北方的主要消费市场在北京市、天津市、河北省石家庄和河南省郑州等地。

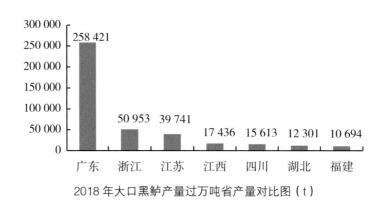

2018 年大口黑鲈产量过万吨省产量对比图（t）

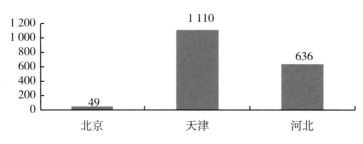

2018 年京津冀地区大口黑鲈产量对比图（t）

（三）大口黑鲈快速发展原因

（1）得益于人工配合饲料的研发，使得大口黑鲈在养殖期间全程使用人工配合饲料，摆脱了对冰鲜鱼等肉类饵料的依赖，同时，避免了由此带来的水体恶化，使得大口黑鲈的养殖区域得到了快速拓展。

（2）得益于养殖技术的不断进步，主要是水质调控技术的提高，为大口黑鲈提供了较好的养殖环境，促进了产量的提高。

（3）得益于国家发达的物流体系与行业内活鱼运输技术的进步，促进了大口黑鲈成鱼与苗种市场的稳定拓展。

（4）得益于大口黑鲈本身的优良商品鱼属性。

消费者——无肌间刺、肉质好、上档次、价格中等、家庭消费＋餐馆消费强劲；

养殖者——养殖周期短、适应性强、利润空间大；

流通商——耐操作、耐运输、损耗少，是近年来水产养殖产业发展最迅猛的品种之一。

（四）大口黑鲈在北京地区的养殖与发展情况

北京市地区的养殖户对大口黑鲈并不陌生，20世纪90年代便有少数养殖户引入该品种开展商品鱼养殖，但由于没有配套的人工饲料、饵料鱼供应困难与容易造成水环境污染、越冬问题等，并未大面积推广开来。2015年随着市场上大口黑鲈人工配合饲料的推出与逐步成熟，该品种又重新进入京郊渔户视野。截至目前，大口黑鲈已在平谷、顺义等地的50余个渔场得到应用，已成为北京地区主推的名优水产品种之一。未来随着大口黑鲈养殖技术特别是越冬技术水平的不断提升，养殖规模将进一步扩大，发展潜力巨大。

北京市养殖大口黑鲈的优势。

1. 市场优势

北京作为北方地区重要的水产品集散地，拥有巨大的大口黑鲈市场容量，据不完全统计每年北京地区的大口黑鲈交易量达到2万t以上，完全能够保障京郊养殖户的销路。

2. 价格优势

每年7—9月高温季节，南方主产区的商品鱼正处于断档阶段且高温季节运输损耗巨大，在这一时间段，利用市场空档期，错峰上市，能够充分保障京郊养殖户的经济效益。

3.促进京郊渔业转型升级

在京郊开展大口黑鲈的养殖生产，可以在降低养殖密度和减少渔业投入品的情况下，产出更高的经济效益，能够从品种层面解决环境保护与渔业经济发展之间的矛盾，符合"提质增效、减量增收、绿色发展、富裕渔民"的政策要求，对加快北京市渔业转型升级具有重要意义。

三、北京市地区大口黑鲈池塘养殖技术

北京市水产技术推广站自2015年开始连续多年将大口黑鲈引入北京，开展池塘养殖试验，并配套了近年来在京郊应用较为成熟的生物浮床净水技术、微生态制剂调水技术等多项生态渔业技术，经过多年的试验积累，目前已经初步形成了大口黑鲈在京郊的池塘养殖技术方案，同时，部分农户通过该品种的养殖已经取得了较好的经济效益。

（一）池塘要求

大口黑鲈的养殖池塘面积不宜过大，一般5~8亩的标准化池塘为宜。池塘要求进排水与交通方便，有效水深在2~2.5m，重点注意池塘的防渗与防漏。

（二）苗种放养

（1）质量要求。规格整齐、体质健壮、无病无伤。

（2）放养时间。北京市地区大口黑鲈的苗种放养一般在5月中下旬至6月初，水温22℃以上时为宜。

（3）放养规格。80~120尾/500g，且苗种已经过转口驯食，可以直接摄食人工饲料。

（4）放养密度。北京市地区养殖大口黑鲈，放养密度不宜过大，在苗种培育阶段可控制密度为1万尾/亩，在养成阶段建议在3 000尾/亩左右，上下不超过500尾/亩。

（5）搭配品种。养殖阶段可搭配花白鲢，一般白鲢规格为500g/尾，每亩搭配50尾，同时，花鲢规格为200g/尾，每亩搭配30~50尾。

（6）苗种选择。优鲈、皖鲈、台鲈。

（三）饵料投喂（全程人工配合饲料）

目前大口黑鲈已经能够实现在养殖期全程投喂人工配合饲料，一般投喂浮性

膨化饲料，粗蛋白含量在45%以上，选择大型正规厂家购买，由于鲈鱼口裂较大，养殖期间饲料粒径范围为1~10号。大口黑鲈喜静、喜阴，苗种阶段（100g/尾之前），每天早、中、晚共投喂3次，成鱼养殖阶段，每天投喂2次即可，分别为早上日出之前与下午日落之后，中午阳光强烈，影响鲈鱼摄食，不建议投喂。投喂方式可采用人工投喂，也可采用投饵机投喂，投饵机投喂会造成一定浪费，但会使鱼体规格相对整齐，投喂之后至少保持1小时的增氧。在变更投喂量时，每次饲料的增加量不超过原投饵量的10%。养殖期间饲料粒径调整情况见下表。

饲料粒径与大口黑鲈规格对应表

大口黑鲈规格（g）	对应饲料粒径（mm）
5~20	1.0~2.0
20~50	3.0
50~100	4.0
100~150	5.0
150~200	6.0
200~300	8.0
≥300	10.0

（四）水质调控

大口黑鲈喜阴怕强光，苗种阶段水体透明度控制在20~25cm，成鱼养殖阶段水体透明度控制在25~30cm。在5—9月，鱼类摄食旺盛，需要每周进行1次底改。此外，在7—8月高温季节为降温和保持水质稳定，应定期给池塘加注新水，每周加注1次，每次10~20cm。在溶氧方面，大口黑鲈对溶氧要求较高，水体中溶氧应稳定在5mg/L以上，为保证溶氧安全，增氧机的动力配备为1kW/亩。此外，因大口黑鲈人工饲料的蛋白与脂肪含量较高，因此，为保证水质稳定，可配套应用生物浮床净水技术，在池塘中种植水生植物，来消减水体中过多的N、P等营养物质，浮床的布设比例10%为宜，种植的水生植物可选择空心菜、鸢尾及千屈菜等适合北京市地区水上种植的植物。

（五）病害防治

近几年大口黑鲈在京郊养殖期间，由于苗种控制较为严格、养殖密度较低以及水质调控得当，因此，病害发生较少，但也不可大意。养殖期间的病害防治应本着"预防为主、防治结合"的原则开展。大口黑鲈在养殖全程使用人工配合饲料，容易发生肝胆综合征，病鱼机体免疫力下降、代谢紊乱、饲料消化率降低、摄食量减少，这种状态下大口黑鲈极易感染其他疾病而导致死亡，可采用中药属性的消炎和保肝利胆药物以及多维、矿物质等拌料投喂，每月2~3次，每次5天，可有效预防肝胆综合征的发生。大口黑鲈常见的车轮虫病、指环虫病、烂鳃、肠炎等寄生虫和细菌性病害建议提前预防，可用具有驱虫、杀菌效果的中草药每月预防1次，消毒药每月使用2次。此外，诺卡氏和虹彩等病毒病目前在北京市地区的大口黑鲈养殖过程中尚未出现，但应引起足够重视，严格控制苗种的来源安全，并做好防护措施。

（六）日常管理

养殖期间，每日早、晚定时巡塘，观察大口黑鲈摄食状况及水质变化情况，检测水体中溶氧、氨氮、亚硝酸盐和pH值等指标，发现问题及时采取措施。大口黑鲈喜静，因此，在日常养殖过程中，尽量保持周边环境的安静，以免引起应激反应，影响大口黑鲈正常摄食和生长。此外，详细记录养殖期间的天气、水温、投饵量、死亡量及用药情况等，及时整理并汇总数据，为今后的养殖生产积累经验。

（七）越冬管理

在整个养殖周期之中，大口黑鲈的越冬管理是一个至关重要的环节。由于北京市地区冬季气温较低，光照减弱，从当年11月中旬至翌年3月中旬为大口黑鲈的越冬期，在此阶段鲈鱼停止摄食、活动量减少、新陈代谢降低。大口黑鲈能否安全越冬，直接关系到养殖的成败和养殖户的经济效益，做好越冬期的科学管理意义重大，主要从增强越冬前鱼体体质和做好水质调节两方面入手，以提高越冬成活率，具体应做到以下两点。

1. 增强大口黑鲈体质

越冬前延长投喂人工配合饲料至10月底或11月初，提高大口黑鲈的肥满度和抗病能力。同时，在饲料中添加复合维生素和保肝护胆类药物，增强鱼体抵抗力，避免越冬期间大口黑鲈因体内营养不足而导致免疫力下降，进而遭受病原体的侵袭。

2. 做好越冬前水质调节工作

越冬前从原塘底部撤换1/3的水，以保障安全越冬。越冬期间水温较低，鱼体容易受真菌和寄生虫的感染，因此，越冬前用二氧化氯或聚维酮碘对池塘水体进行消毒，减少病原菌、真菌数量，降低感染风险。冬季光合作用相对较弱，藻类繁殖速度减慢，容易造成水中溶氧不足，越冬前适当增加池塘水体肥度。在池塘水体较瘦的情况下，可于10月末使用低温时易被藻类吸收利用的生物肥料追肥，促进藻类繁殖。此外，定期检测水体中溶解氧、氨氮和亚硝酸盐的含量，保证越冬期各项理化指标的相对稳定，确保大口黑鲈安全越冬。

四、养殖案例

2018年6月10日至2019年8月15日，北京市水产技术推广站在平谷区东高村镇南张岱村，利用一口6亩的室外池塘，投放规格为6~8g/尾的苗种15 000尾，开展大口黑鲈的商品鱼养殖试验。期间重点从苗种投放、饲料投喂、水质调控、病害防治、日常管理及越冬管理6个方面开展了细化研究。经过430天的试验养殖，共收获大口黑鲈商品鱼4 650kg，平均规格为600g/尾，且81.72%的商品鱼超过平均规格，成活率为51.7%，饵料系数为1.06，平均亩产量为775kg。试验总效益为132 900元，平均亩效益为22 150元/亩。具体见下表。

大口黑鲈池塘试验养殖结果汇总表

项目	数量	备注
养殖周期	430 天	2018 年 6 月 10 日至 2019 年 8 月 15 日
成活率	51.7%	4 650kg ÷ 600g/ 尾 ÷ 15 000 尾
平均规格	600g/ 尾	最大个体 900g
投饵量	4 800kg	投喂饲料 240 袋（47% 粗蛋白）
饲料系数	1.06	初始体重按照 7g 计算
养殖产量	4 650kg	3 800kg 以上超过了平均规格（81.72%）
平均产量	775kg/ 亩	按照池塘面积 6 亩计算

大口黑鲈养殖经济效益核算表

		金额（元）	备注
成本	苗种费	30 000	15 000 尾 × 2 元 / 尾
	饲料费	57 600	4.8t × 12 000 元 /t
	电 费	10 000	增氧机、水泵耗电
	人工费	3 000	打网费 2 次，每次 9 人
	其他费用	8 300	消毒剂、微生态制剂等
成本合计		108 900	苗种、饲料、耗电
产值		241 800	4650kg × 52 元 /kg
净利润		132 900 元	
效益		22 150 元 / 亩	

五、北京市地区大口黑鲈养殖注意事项

（1）控制整个养殖周期，大口黑鲈在北京市地区池塘养殖，从苗种放养至成鱼出塘，整个养殖周期为 13~14 个月，一般从 5 月中下旬至 6 月上旬放苗，养殖到秋后达 200~300g 时进行越冬，翌年 8 月出鱼，此时北京市地区的大口黑鲈商品鱼价格最高，且成鱼率可达到 80% 以上，剩余的稍小规格成鱼可继续养殖至秋后出塘或直接销售给休闲垂钓场等，不建议大口黑鲈二次越冬。

（2）北京市地区放苗不宜过早，一般在 5 月中下旬，水温在 22℃以上放苗为宜。

（3）在夏季高温季节，可适当降低投喂量，同时，重点调优水质，确保安全度夏。

（4）越冬期间，水位保持在 2m 以上，且保证水质适当偏肥，水瘦时不利于光合作用产氧，同时，鱼体易脱黏，易造成溃烂。

（5）严格把控苗种的引进关，目前国内大口黑鲈种质总体退化严重，苗种质量良莠不齐，且随着养殖规模的不断扩大，病害呈上升趋势。北京市地区尚未开始大面积养殖，因此，在该鱼的发展前期，切实把好苗种质量关，防患于未然。

（6）选择高质量的人工配合饲料。2015 年以来随着大口黑鲈人工配合饲料的逐步成熟，全国各地的饲料厂家纷纷开展大口黑鲈人工饲料的生产与推广，但饲料质量也是良莠不齐，真正能够保证大口黑鲈正常养殖效果的人工饲料并不太多。养殖户应选择大型正规厂家购买，饲料蛋白含量在 45% 以上。

六、问题解答

（一）大口黑鲈可以与鲤鱼、鲫鱼等淡水鱼混养吗？

不建议鲤鱼、鲫鱼等淡水鱼和大口黑鲈进行混养。大口黑鲈为肉食性鱼类，混养状况下，如果出现品种间的规格差异，会导致残杀的现象。另外，大口黑鲈的人工配合饲料蛋白含量高，价格高，在混养状况下，如果投喂大口黑鲈饲料势必会造成鲤鱼、鲫鱼等其他低价值鱼类摄食高价值饲料，造成成本浪费，如果投喂鲤鱼、鲫鱼等饲料，则会极大影响加州鲈的正常生长。

（二）一般养殖周期多长，商品鱼多大，养殖效益最合适？

北京市地区养殖大口黑鲈一般需要 13~14 个月，投料期在 9 个月，另外，还有 4~5 个月的越冬期。商品鱼在北京市地区一般单条规格达到 500g 以上才会有市场。养殖效益方面，北京市地区大口黑鲈的养殖成本为 11~12 元 /500g，销售单价每年 8 月最高，可以达到 20 元 /500g 以上，2019 年最高卖到 27 元 /500g，最低卖到 23 元 /500g。

（三）大口黑鲈池塘养殖会出现浮头现象吗？怎么处理？

浮头本质是溶氧问题。养殖过程中，建议 1 亩地配置 1kW 动力，我们在试验期间，在 6 亩养殖池塘中放置了 3 台 3kW 的饲养机，用二备一。养殖前期，池塘鱼载量不是很大的时候，溶氧是没有问题的。但在养殖后期，随着鱼类个体的不断长大，特别是高温雷雨闷热的天气，这时需要注意池塘中的溶氧，大口黑鲈的溶氧要求在 4mg/L 以上，因此，应根据实际情况适时开启增氧机预防池塘水体缺氧。此外，控制池塘优良的水质条件，保证合理的藻类组成，促进池塘中光合作用产氧，同样是防止鱼类浮头的重要措施。总体来说大口黑鲈的养殖需要技术上的指导，但是精心的管理对养殖的成功更为重要。

（四）大口黑鲈能套养罗非鱼吗，应注意什么？

首先，罗非鱼属温热水鱼类，其对温度的要求比大口黑鲈更高，养殖大口黑鲈在北京市地区需要越冬，而罗非鱼在北京市地区的外塘无法越冬。其次，与鲤鲫和大口黑鲈混养一样，罗非鱼与大口黑鲈混养同样存在饲料的问题。两者对养殖环境与饲料要求均不同，因此，不建议混养。北京市地区养殖大口黑鲈建议单养，搭配少量花白鲢净水即可。

土肥专题

用好有机肥　保护土壤健康

‖**专家介绍**‖

邹国元，北京市农林科学院植物营养与资源研究所研究员，担任北京市农林科学院长子营综合服务试验站站长、北京市农林科学院沽源优质蔬菜专家工作站专家、国家玉米产业技术体系产地环境岗位专家、国家乡村环境治理创新联盟副理事长、中国农业生态环境保护协会常务理事等。一直从事新型肥料、科学施肥与农业污染监测防治研究，获国家科技二等奖 1 项、省部级科技奖励 12 项。现为国家重点研发计划"黄淮海集约化养殖面源和重金属污染防治技术示范"项目首席专家。

课程视频二维码

一、为什么要用有机肥

近几年，国家对生态环境越来越重视，市民对农产品的质量要求越来越高，对农业生产提出了更高的要求。大多数的农产品都来自于土壤，土壤的健康与否决定了农产品是否健康，农业是否可持续。要保证土壤的健康就要使农资的投入更加合理，如同人一样，如果吃的不健康就容易"虚胖"。目前部分土壤有点"虚胖"的状态，土壤施入了大量多余的氮磷钾等各种养分，这些养分是否都需要？养分结构是否合理？有机肥和无机肥是否合理？是需要思考的问题。我们要避免土壤"虚胖"，只有培养健康的土壤，才能生产出健康的农产品，这就是本期要讲解的主题"如何合理施肥，保证土壤健康"。

（一）京郊设施土壤板结评价

北京市农林科学院做了大量的调研工作，尤其在设施菜地方面，以便深入了解京郊保护地菜田的土壤情况。为了评价土壤的板结情况，根据专家组推荐，将土壤的"耕层厚度""质地结构""质地""容重""土壤紧实度"等指标赋予不同的权重值，制定了一套指标体系。

土壤板结情况指标及权重

项目	权重（W）
耕层厚度	0.20
质地构型	0.15
质地	0.15
容重	0.25
土壤紧实度	0.25
合计	1

综合分值计算：

每个评价地块的板结综合指数，采用加法模型。

$$I=\sum F_i \times W_i\ (i=1,\ 2,\ 3,\ \cdots,\ n)$$

式中：I——代表地块板结综合指数；

F_i——第 i 个指标评分值；

W_i——第 i 个指标权重。

土壤板结等级的划分

综合分值	等级
≥ 85	1 级（优）
85~80	2 级（良好）
80~70	3 级（轻度板结）
70~60	4 级（中度板结）
<60	5 级（重度板结）

选择北京市 20 个设施菜地进行了评价和测算，如下表。

京郊设施菜地

序号	地点
1	大兴试验站淋溶试验地
2	大兴试验站圆茄子
3	大兴试验站长茄子
4	大兴河津营
5	琉璃河深翻
6	琉璃河对照，小型旋耕机
7	大兴白庙生物炭处理
8	大兴白庙对照
9	顺义爱农有机肥试验地（基础）
10	大兴罗庄（芹菜）
11	河津营生菜试验
12	房山琉璃河官庄
13	房山张庄
14	顺义北郎中
15	顺义兴农鼎立
16	顺义农科所基地
17	顺义丰顺恒农业有限公司
18	通州瑞正园 –1
19	通州瑞正园 –2
20	碧绿园

经过测算，优质土壤（1 级）所占比例只占 10% 左右（如下表所示），大多数的土壤存在轻度或中度的板结。对设施菜地来说，板结的土壤不是优质的土

壤，疏松、透气的土壤是比较有利于蔬菜生长的。

京郊设施土壤板结评价概况

等级	比例（%）
1 级（优）	10
2 级（良好）	10
3 级（轻度板结）	30
4 级（中度板结）	25
5 级（重度板结）	25

（二）京郊有机肥改良试验及效果

通过长期定位试验，可以测定有机肥对土壤的改良效果。从 2000 年开始，团队在房山进行了连续 7~8 年使用有机肥与不使用有机肥的对比试验，其中，有机肥为猪粪与秸秆的堆肥。从下图中可以看出，未施用有机肥土壤与连续多年使用有机肥土壤的结构有较大差别，连续多年使用有机肥其土壤的颜色发生了变化，土壤团粒结构也发生改变。

有机堆肥	改土前后对比

在大兴长子营镇也做过类似的试验，利用生物炭和锯末等进行土壤改良。从图中可以看出，改良后土壤的颜色和结构等发生了变化；同时，经测定，改良后

表层土壤容重降低5%~15%，有机质含量提升至1.8%。

改良前土壤

改良后土壤

在大兴也进行了不同有机物料对土壤改良作用的试验。在棚1中使用的有机物料主要有生物炭、沼渣、鸡粪和牛粪；在棚2中有机物料主要包括沼渣、沼渣＋鸡粪、沼渣＋牛粪。

经过测定发现，棚1中使用生物炭、沼渣、鸡粪和牛粪的土壤，其土壤紧实度分别降低5%、6%、6%、5%。

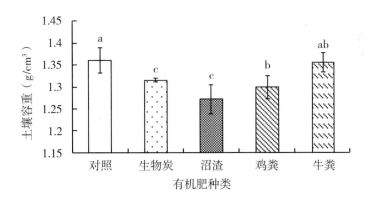

棚1　不同有机物料处理对0~20cm土壤容重的影响

在棚2中使用沼渣、沼渣＋鸡粪、沼渣＋牛粪的土壤，其土壤容重分别降低11%、15%、9%。

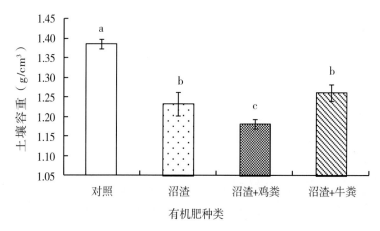

棚2　不同有机物料处理对0~20cm土壤容重的影响

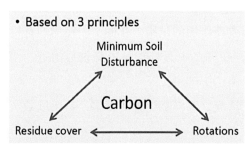

保护性耕作的管理核心

土壤在水中的溶解情况

（三）有机肥对土壤的改良作用

进行土壤管理的核心是土壤碳的管理，主要包括3个要素（如左图所示），即尽量减少土壤扰动、增加土壤覆盖、加强轮作，也就是增加碳的投入，减少碳的分解，从而使土壤碳更多，土壤结构更好。

1. 土壤的稳定性

持续的土壤扰动、耕作不利于土壤结构的改良（如左图所示），该图左侧是保护性耕作下的土壤、该图右侧是常规耕作的土壤。从下图中可以看出，保护性耕作下土壤结构好，其稳定性比较好，而一般的土壤则不然。

2. 土壤的孔隙结构

英国洛桑试验站长期定位试验表明：持续的草地管理，使土壤有机碳含量得到较高的保持。通过土壤有机碳含量高（下图左）与有机碳含量低

（下图右）的土壤结构的扫描照片，可以看到2种土壤的孔隙结构相差很多。有机碳含量高的土壤结构更加疏松，含量低的土壤结构紧实。

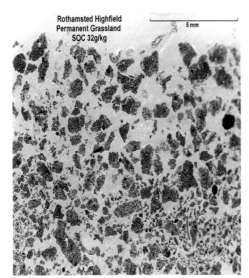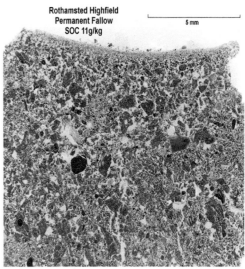

土壤剖面扫描图片

3. 土壤的团粒结构

在大兴所做的不同耕作方式（深翻和浅翻）和不同有机肥的对比试验我们可以发现，经过不同处理的土壤团粒结构有较大差异。在0.05~0.25 mm团粒结构范围内，D与CK处理所占比例最小，仅为38.88%和38.82%；OF、DOF处理次之，OFS和DOFS处理达到了最大值，分别为44.32%和42.93%。这表明施有机肥或秸秆有利于增加土壤中的微团粒体。

不同处理下土壤的团粒结构 （单位：%）

处理	0.25~2.00mm	0.05~0.25mm	0.02~0.05mm	0.002~0.02mm	<0.002mm
浅翻（CK）	5.30	38.82	18.00	22.00	15.88
深翻（D）	5.24	38.88	17.00	26.00	12.88
浅翻＋有机肥（OF）	6.19	41.93	16.00	20.00	15.88
深翻＋有机肥（DOF）	3.93	42.19	16.00	25.00	12.88

（续表）

处理	0.25~2.00mm	0.05~0.25mm	0.02~0.05mm	0.002~0.02mm	<0.002mm
浅翻+有机肥+秸秆（OFS）	3.80	44.32	15.00	21.00	15.88
深翻+有机肥+秸秆（DOFS）	5.19	42.93	15.00	22.00	14.88

4. 土壤的生物性状

土壤的生物性状

土壤使用有机肥后不但结构变好，团粒变得更多，而且土壤的生物性状也变得更加优化，如土壤中的蚯蚓也更多。如左图是英国一个生态农场中土壤经过多年的轮作、覆盖、休闲等可持续耕作措施，土壤表面有很多的蚯蚓粪，说明其生物多样性增加。

二、如何用好有机肥

（一）有机肥对土壤养分的影响

通过使用有机肥，向土壤中投入了大量的碳，可以使土壤的结构更好。但我们更应该认识到，在使用有机肥的过程中，也给土壤添加了氮、磷、钾、钙、镁、硫等植物必须的营养元素。在有机肥施用较少的条件下，对土壤中的养分影响较小，若土壤中施用的有机肥养分含量多，则给土壤添加了大量的矿质元素和其他土壤不需要的元素，如重金属元素等。

1. 有机肥对土壤磷含量的影响

在延庆区进行了连续8茬作物的有机肥施用试验，结果表明随着有机肥用量的增加，表层土壤中速效磷的累积非常明显，而且深层土壤中（60cm）的速效磷含量随时间延长也是增加的，表明表层土壤 Olsen-P 也部分迁移至下层土壤。这就要求在使用有机肥的过程中，一定要将化肥与有机肥进行合理的协调，若不考虑两者的协调，很容易导致土壤中磷的增加，磷的增加会影响作物对其他元素的吸收。

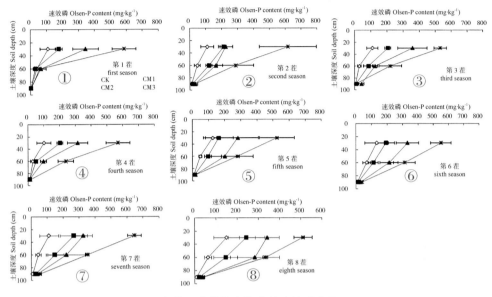

连续 8 茬作物土壤中的速效磷含量

2. 有机肥对土壤重金属含量的影响

长期使用有机肥尤其是畜禽粪便等有机肥有可能会增加土壤中的重金属含量。通过上述延庆试验发现，土壤中有机肥用量增加，重金属有效镉和砷的含量是增加的。

（1）随种植年限延长，土壤有效砷和有效镉呈增加趋势。

连续使用有机肥土壤中重金属含量

年度	Soil Total As（mg/kg）	Soil Available As（μg/kg）	Soil Total Cd（mg/kg）	Soil Available Cd（μg/kg）
2011	7.73	21.15	0.15	28.61
2012	7.31 a	33.39	0.14 b	35.53
2013	6.83 b	29.12	0.16 a	38.35
2014	7.05	36.81 b	0.14 b	53.06 a
2016	6.78	41.22 a	0.14 b	52.37 a
2017	6.43	22.30 d	0.16 a	41.55 b
2018	6.45	28.71 c	0.13 b	39.03 b

（2）随施肥量增加，土壤有效砷和有效镉直线（或曲线）增长。

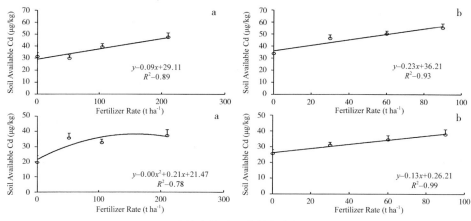

土壤有效砷和有效镉变化

（二）有机肥与化肥的平衡使用

有机肥的质量会影响土壤中其他养分的含量，这要求我们在使用有机肥的过程中做好权衡。使用秸秆和各种有机肥会为土壤中加入大量的有机碳，使土壤的结构更加优化，所以，不能只使用化肥，要综合考虑让两种肥料的结构平衡。但因为有机肥的体积较大，其使用措施和服务措施要求比较高；同时，有机肥的养分含量相对不固定，如使用尿素，其含氮量为46%，碳铵其氮含量18%，但有机肥含氮量多少，不同原料就不同，差异比较大，即使是同一种原料，其不同的收获时期，不同的处理技术也使得其养分含量不同，所以，在检测配肥方面，有机肥的要求比较高。

怎样才能将有机肥使用好呢？其实无外乎看作物、看土壤、看肥料等。看作物就是看不同作物所需的不同肥料的用量，如下表中所示，不同作物形成1t产量的需肥量是不同的。根据作物需肥量，可以计算使用多少有机肥和多少化肥。

作物的需肥量（kg/t 产量）

蔬菜	N	P_2O_5	K_2O	蔬菜	N	P_2O_5	K_2O
茭白	14.41	4.87	22.78	茄子	3.24	0.94	4.49
西葫芦	5.47	2.22	4.09	甘蓝	2.99	0.99	2.23
苦瓜	5.28	1.76	6.89	黄瓜	2.73	1.30	3.47

（续表）

蔬菜	N	P_2O_5	K_2O	蔬菜	N	P_2O_5	K_2O
甜瓜	5.20	2.40	5.40	菠菜	2.48	0.86	5.29
甜椒	5.13	1.07	6.46	胡萝卜	2.43	0.75	5.68
豇豆	4.05	2.53	8.75	小萝卜	2.16	0.25	2.85
生菜	3.70	1.45	3.28	大白菜	1.90	0.87	3.42
韭菜	3.69	0.85	3.13	菜花	1.87	2.09	4.91
番茄	3.54	0.95	3.89	大葱	1.84	0.64	1.06

　　有机肥具体用多少量，需要进行测算。假如购买商品有机肥，需要根据国家相关的农业行业标准（如下图），进行初步计算。

ICS 65.080
B 10

中华人民共和国农业行业标准

NY 525—2012
代替 NY 525—2011

有机肥行业标准

有机肥料中重金属的限量指标

项　　目	指　　标
有机质的质量分数（以烘干基计），%	≥ 45
总养分（氮 + 五氧化二磷 + 氧化钾）的质量分数（以烘干基计），%	≥ 5.0
水分（鲜样）的质量分数，%	≤ 30
酸碱度（pH）	5.5~8.5

蛔虫卵死亡率和粪大肠菌群数指标

项　　目	限量指标
总砷（As）（以烘干基计）	≤ 15
总汞（Hg）（以烘干基计）	≤ 2
总铅（Pb）（以烘干基计）	≤ 50
总镉（Cd）（以烘干基计）	≤ 3
总铬（Cr）（以烘干基计）	≤ 150

　　针对一些农家肥料，如自己堆的肥料和不同原料的有机肥，其有机质和氮的含量需要进行测算，表中列举了几种有机肥料肥效对比。

　　有机肥的碳氮比也比较重要，碳氮比越低，施入土壤后比较容易分解；若有机肥碳氮比较高，如用锯末堆积出的肥料，则分解率会比较低，可以将这类有机肥作为改土的材料，甚至不考虑这类有机肥为土壤中加入的氮的含量等。

有机肥料肥效对比

施用第一年分解特性		有机肥料（举例）	施用效果			连续施用时作物氮素吸收增加	注意事项
分组	碳、氮分解率		养分供应	增加土壤氮素	增加土壤有机质		
分解时释放氮素	碳、氮快速分解（年60%~80%）	人粪尿、鸡粪、蔬菜残留物、豆科绿肥；碳/氮比10∶1	大	小	小	小	可以完全取代计划施肥量中的氮素，不需加大用量
	碳、氮中速分解（年40%~60%）	牛粪、猪粪等；碳/氮比10~20∶1	中	中	中	大	可取代计划施肥量中30%~60%的氮素，不需提高施肥上限
	碳、氮分解慢（年20%~40%）	以秸秆为原料的普通堆、厩肥；碳/氮比10~20∶1	中-小	大	大	中	不能代替计划施肥量中的氮素，所施有机肥均作培肥地力用
	碳、氮中速分解极慢（年0%~20%）	以草炭、锯末等为主的堆肥；碳/氮比20~30∶1	小	中	大	小	只能在充分腐熟后施用

　　结合前边所讲，在果园或设施菜地里使用有机肥的目的是使土壤结构更加合理、土壤更加疏松。若不考虑有机肥带入土壤中养分的含量，可以多使用高碳氮比的有机肥料，这样在计算化肥用量的时候也就更加方便一些。商品有机肥（下图中所示就是以畜禽粪便为主的发酵商品有机肥生产流程）通常碳氮比较低，施用时就要更多地考虑有机肥带入的养分量。

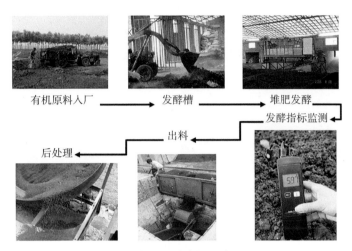

有机原料入厂 → 发酵槽 → 堆肥发酵

发酵指标监测 ←

出料 ←

后处理 ←

畜禽粪便发酵有机肥流程

（三）有机肥使用案例

1. 北京市蔬菜废弃物综合利用试点

近几年，北京市围绕农业生态启动了很多项目，也生产了很多高碳氮比的肥料，如在顺义区实行的利用作物、蔬菜秸秆和牛粪一起发酵，生产的有机肥碳氮比比较高，效果比较好。

农业废弃物回收作业

2. 平谷区生态桥工程

平谷生态桥工程将果树剪下来的枝条进行粉碎，与粪肥进行发酵生成有机肥，这些都是比较好的肥料。

平谷生态桥工程

3.日本牛粪有机肥堆肥

下图是日本的牛粪堆肥，主要流程为"原料收集—预处理—堆肥化—应用"。这种牛粪堆肥跟草炭一样，最终形成的牛粪非常疏松，气味也比较好。这主要是因为在牛养殖过程中，每天往场内添加锯末，进行混合，这样牛粪中的有机碳比较高，堆出来的牛粪疏松性很好，有机碳很高。

条垛堆肥→槽式发酵（连续不间断）

4.秸秆反应堆

近几年，将秸秆通过反应堆的形式进行发酵生产有机肥，也形成了一定的趋向和导向，有些园区在做，但是面积和比例还不是很高。向土壤表层或深层施用秆发酵的有机肥可以使土壤更加疏松，同时，秸秆在分解过程中会放出一定的热量，使土壤更加透气。主要做法是将栽培畦表层 25 cm 土壤取走后铺上秸秆，并拌入麸皮及有益菌后将土壤回填，通过隔离层使土壤中盐分单向向下移动，同时，增加土壤有机质来达到土壤改良的目的。

秸秆反应堆与异地还田

（四）商品有机肥与农家堆肥

1. 商品有机肥与农家堆肥的区别

国内和国外通过各种各样的方式把高碳氮比的物料，通过各种方式进行还田或异地还田进入土壤，使土壤变得疏松。商品有机肥和农家堆肥的区别如下。

（1）原理相同，加工流程不同。

（2）标准化程度有差异。

（3）质量控制要求有差异。

（4）选择使用有窍门。

（5）科学使用和精准替代。

2. 农家肥的质量测定

如何确定有机肥或自己堆有机肥质量是否好呢？过去往往取样送到科研机构进行检测，如养分含量、是否腐熟等，这其实是个比较好的方法，但是检测需要时间，一般都会有一定的滞后性，当拿到检测结果时，生产上有机肥可能已经施用到土壤中了。

对于用户来说，通常只关注两点：一是有机肥含碳量多不多，养分含量是不是高；二是有机肥是否稳定，是否腐熟。那么这两点我们自己是否可以检测呢？

有机质含量高不高的检测方法。假如从市场上选购了多种有机肥，想确定有机肥质量最好的一种。操作如下：拿一个玻璃杯，取 1 份有机肥加 10 份水，将有机肥分别放入水中晃一晃，静置几分钟，看一下有机肥的状态。若有机肥浮在上方的或在中间越多，说明有机肥的质量越好；若有机肥沉淀的多，说明有机肥里含的土和沙子比较多，有机物比较少。通过以上简单的方法，可以快速地选择哪种有机肥的质量比较好。

判断有机肥是否腐熟的方法。从家里找 2 个碟子或菜盘，同时，找 2 张吸水纸。将一张纸放到 A 菜盘子上边，拿纯水放到纸上，水不要过多，把另一张吸水纸放到 B 盘子上，倒入有机肥的浸提液（浸提比为 1∶10，也就是 1 份土，10份水），将 A、B 2 个盘子的纸上放上等量多的合格油菜的种子，对照 2 个盘子上油菜种子的发芽率，芽率低的相对腐熟不充分。同理，我们可以测定多种有机肥的浸提液上种子的发芽率同清水浸提液上种子发芽率进行对比。若发芽率低，则证明有机肥腐熟不充分。若将未充分腐熟的有机肥施入土壤中，则会影响作物的健康和土壤的安全。

三、科学使用有机肥保障土壤健康

（一）有机肥的施用装备

一些农户不愿施用有机肥，喜欢用化肥，主要是因为化肥施用比较简单，施用的量也比较少。有机肥，体积大，施用不太方便，在施用有机肥的过程中，需要第三方的服务配套。一些公司，已经考虑到有机肥施用的问题。以下是网络上一些施用有机肥的装备，可以简化有机肥的施用过程。

施用有机肥的装备

考虑到有机肥施用装备投入较大，一年中使用的频率不高，需要有社会化服务的公司加入进来，为有机肥施用提供良好的服务链条，使有机肥施用成本可控并且降低，形成良性循环。这些机器要用起来，就需要有专门的服务机构（合作社或公司）来服务某些区域，对于用户来说，就减少了劳动力的投入。

（二）蔬菜废弃物的循环利用技术

1. 北京蔬菜废弃物堆肥

有机肥除了以上所说的秸秆、粪便等外，这几年随着蔬菜产量的逐年增加，产生的废弃物越来越多，因此，开始利用蔬菜废弃物进行有机肥的生产，并探索了蔬菜废弃物的循环利用技术。

各个蔬菜基地，其作物和规模的不同，采用了不同的处理技术。下图中是北京市蔬菜基地所建设的小型的堆肥场，按照堆肥流程，发酵温度高于 65℃，时间 >72 小时，有效杀灭病菌，生产的有机肥富含有机质和活性功能微生物。

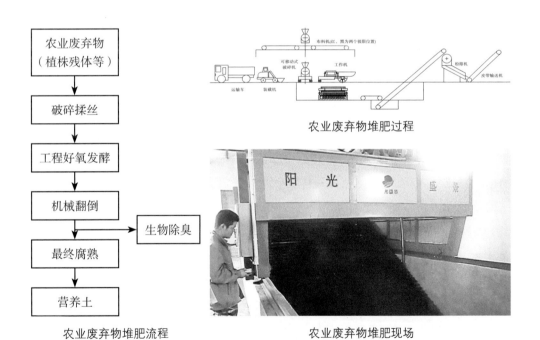

农业废弃物堆肥过程

农业废弃物堆肥流程

农业废弃物堆肥现场

2. 甘肃省蔬菜废弃物小型化处理

在甘肃省西部有些地方也进行了一些尝试，主要是小型化堆肥处理。针对中西部夏季冷凉蔬菜产业较多，但农户分散种植的特点，甘肃省推广小型堆肥技术，进行蔬菜残体的利用。该技术采用地上好氧小型堆肥，堆肥上覆膜防止

小型化堆肥处理

直接还田

水分蒸发，堆体下面也铺膜防止滤液渗入土体。堆肥后，好氧覆膜处理的堆肥产品，呈粉末状，腐熟物的水分低于10%，可以返田利用。

3. 张家口蔬菜废弃物直接还田

张家口地区也有人尝试将蔬菜废弃物直接还田，降低了还田的成本，但在还田过程中，要注重还田条件、前处理、添加剂、时间等的控制。

4. 广西、北京等地蔬菜废弃物沤肥处理

在北京、广西等地也探索了将蔬菜废弃物和沤肥池结合起来，通过灌溉系统进行混合灌溉。堆肥主要过程是将收集好的蔬菜副产物在地上翻晒1~3天，水分下降到60%左右将其粉碎成5~10cm，避雨堆置发酵。夏天每隔5天翻堆1次（冬季隔7天），共计翻堆2次。翻堆中如堆料过干，要及时补充水分。一般堆置30天左右，植株残体变软变黑，没有异味即可完成。

在广西，根据蔬菜基地种植区的地形地貌，每20亩修建小型地下式沤肥池（容积10 m³），或者配置容量相当的移动式收集桶，将废弃秸秆等放入沤肥池，加水沤制并消毒。

在北京，我们曾在某蔬菜园区进行沤肥示范，每10栋温室设计容积为10 m³的地下沤肥池，在完成蔬菜副产物的沤制过程后，放入排污泵，结合管道灌溉，将沤制液进行灌溉施肥，效果良好。

蔬菜废弃物沤肥处理

5. 液体有机肥的制作与应用

可以将蔬菜废弃物制作为液体有机肥，常见的如沼液等，但液体有机肥的施用还是比较困难，尤其在保护地和标准化基地里通常使用的是水肥一体化技术，若不能解决沼液进管道的问题，使用起来比较困难。

北京市农林科学院前几年与北京市的沼气站、蔬菜基地合作，在田间建了一些沼液临时储存池等，将沼液进行过滤，分别过 40 目、60 目和 100 目的过滤体系后，同田间的输送管道和滴管管道结合起来，最后实现了跟化肥一样，只要打开管道，就可以灌溉施肥。截至目前，在北京市前后推广了差不多 50 多套，使用效果较好。下图为在番茄上使用沼液后达到了化肥的效果，其肥效比较高。

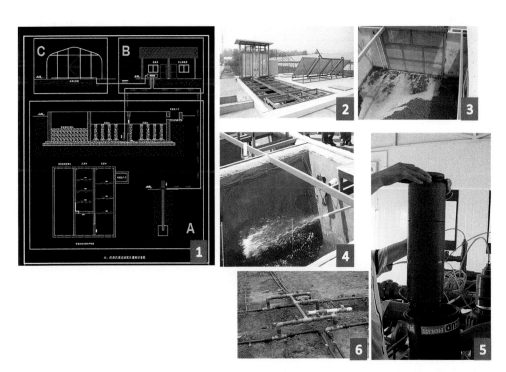

沼液灌溉施肥流程

主控制系统工艺流程图如下。

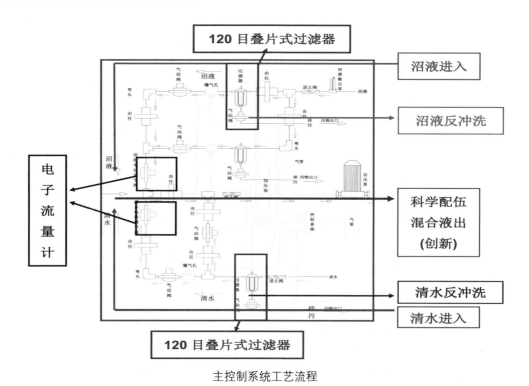

主控制系统工艺流程

沼液跟畜禽粪便的堆肥相比有一定差异，从下表中可以看出沼液养分的 N/P 比是比较高的，而堆肥的 N/P 的比例是比较低的，所以，在使用时，要综合考虑。

不同肥源的 N/P 值

肥源	N/P 值
粪便	1.4~3.3∶1
堆肥	1.3~2.4∶1
猪场污水	3.2~19.8∶1
沼液	6.0~7.1∶1
作物吸收	2.0~3.0∶1

在使用沼液进行灌溉时，要根据不同的耕地类型，采用不同的灌溉技术。我们构建了沼液田间利用模式配套施用技术规范，让肥料使用与作物种植模式相适应和当地资源禀赋相匹配。

沼液田间利用模式

范围	规模化设施菜地	南方平原稻麦轮作	丘陵山区果树种植
难点	微灌结合	机械化，高效化	动力配备难
模式			
特点	滴灌应用，精准可控	喷灌沟灌结合，作业面积大	管灌，利用高差，无动力运行

为了推动沼液的使用，我们针对不同的作物，如粮食、蔬菜等作物也做了一些沼液推荐用量和技术规程等，涵盖小麦、水稻等粮作，番茄、油菜等蔬菜，柑橘、苹果等果树，供大家参考。

不同作物沼液推荐用量（t/hm^2）

作物	鸡粪沼液	牛粪沼液	猪粪沼液
冬小麦	45.2	78.7	59.5
水稻	39.9	69.4	52.5
番茄	50.6	88.1	66.6
油菜	36.5	63.5	48.0
苹果	54.6	95.2	72.0
柑橘	48.3	84.2	63.7

综上，在农业农村部大力推导有机肥替代化肥的背景下，我们应该掌握有机肥施用时用什么、用多少、怎么用等方法。结合农业农村部发布的有机肥替代化肥技术方案（2018年），参照苹果、设施蔬菜和茶园等有机肥的应用模式，可以科学合理地施用有机肥。

苹果	一、"有机肥+配方肥"模式 二、"果—沼—畜"模式 三、"有机肥+生草+配方肥+水肥一体化"模式 四、"有机肥+覆草+配方肥"模式
设施蔬菜	一、"有机肥+配方肥"模式 二、"菜—沼—畜"模式 三、"有机肥+水肥一体化"模式 四、"秸秆生物反应堆"模式
茶园	一、有机肥+配方肥"模式 二、"茶—沼—畜"模式 三、"有机肥+水肥一体化"模式 四、"有机肥+机械深施"模式

农业农村部发布的有机肥替代化肥技术方案（2018年）

北京市农业农村局针对不同的叶菜发布了化肥和有机肥的推荐用量等内容，大家可以上网查看，对我们有很好的指导意义。

希望大家都能用好有机肥，让土壤变得更加疏松，更加肥沃，让有机肥跟化肥协调，让养分投入更加平衡，让作物生产更加可持续，让农产品品质进一步提高，农民的收入进一步增加。

四、问题解答

（一）自制的有机肥里有很多蛴螬，怎么办？

自制有机肥与商品有机肥是有区别的，商品有机肥是在机械条件下生产的，农家肥是按照一定配方隔一段时间进行翻堆，若我们堆肥翻堆的频率不足会使有机肥产生如蛴螬或杂草等，这就要求在制作有机肥过程中，翻堆的频率要提高，并翻堆要彻底，避免生虫子；同时，堆肥的时间要够长，一般为3~6个月，这样来说比较安全。

（二）什么样的肥料可以提高土壤酸性？

事实上，有机肥一般为中性或偏碱，但有机肥用到土壤中会有一定缓冲性。一般来说化肥，尤其是铵态氮肥长期大量使用会使土壤变酸。

（三）蚯蚓粪能不能直接栽菜苗?

蚯蚓粪是可以直接使用的，但是直接栽菜苗，这个用量还是需要综合考量的。不管是什么肥料，全部都需要综合考虑用量的，要进行量的控制。

（四）猪粪发酵有机肥碱性含量较高，使用时应该怎么办?

现在有些畜禽养殖的粪便，在养殖过程中，因为消毒的需要，用了一些碱性的消毒物质，所以，碱性较高。但因为有机肥有一定的缓冲作用，如果用量较少，影响不大。当然，在堆肥过程中，需要运用各种方法将碱性降低，如在堆肥过程中使用过磷酸钙等酸性的调理剂，调控堆肥的酸碱度，但最终堆肥 pH 值一般在 7~8。

科学合理施肥　促进作物增产　保护生态环境

‖专家介绍‖

　　贾小红，北京市土肥工作站副站长，博士，推广研究
员。1990年从北京农业大学土壤农化专业毕业，一直在
北京市土肥工作站工作。长期在北京市从事土肥技术的试
验、示范与推广工作，先后开展平衡施肥技术、优质有机
肥加工使用技术、旱作农业技术、生物肥加工使用技术、
土壤培肥技术的研究与应用，工作期间先后主持和参加国
家、省（部）级科研、推广项目近百项，为北京市耕地质
量的提升和作物优质高产作出贡献。

　　先后获得省部级科技成果20项，1995年获北京市总工会建功立业标兵称
号，2001年获北京市农业局优秀青年知识分子，2009年获四川省什邡市委市政
府"什邡市优秀挂职干部"称号，2010年被北京市委市政府"北京市对口支援
什邡灾后恢复重建先进个人"称号，2018年享受国务院政府特殊津贴人员。主
持制定北京市地方标准4项，发表论文68篇、出版专著27部。

课程视频二维码

一、疫情对 2020 年春季农业生产用肥的影响

2020 年新冠肺炎疫情对春季农业用肥产生一定的影响，主要体现在以下几个方面。

（一）肥料品种供应不全

最紧张的是复合肥，其次是磷肥，尿素、有机肥、生物肥供应较好。供应紧张的原因：前期主要是由于疫情影响开工较往年晚，后期主要是由于原料的运输受阻等。

（二）肥料量供应不上

一是缺货；二是运输不畅。

北京市肥料厂家现在主要是一些有机肥和叶面肥、生物肥等新型肥料生产厂家，复合肥主要靠外地供应。现在供应的复合肥，大部分为 2019 年年底进货的肥料，肥料有些种类可能出现了一些短缺。

（三）肥料价格上涨

春季是需肥高峰，受供需矛盾紧张的影响，肥料价格比去年年底相比有所上涨。但随着开工率的提高，运输的开通，油煤价格的下降，肥料价格会下降。现在的肥料价格与去年同期相比还是低的，如尿素比去年同期下降 100 元 /t。

二、当前农业生产需肥与应对措施

春季需要肥料主要有以下几种情况。

（1）春播作物底肥准备与使用，主要是春玉米、露地蔬菜和花生等经济作物。

底肥，主要是有机肥与复合肥，如果没有复合肥，就多施一些有机肥。后期肥料供应不紧张时，多追一些化肥，重点是追氮肥。

（2）正在生长作物的追肥，如冬小麦、设施蔬菜、果树等作物。

冬小麦拔节肥，主要是追氮钾肥，如果没有复合肥，追一些尿素即可。后期叶面喷一些磷酸二氢钾，也可以保证作物产量。

保护蔬菜与果树，最好追复合肥，如果购买不到合适的复合肥，可以将尿素和新型肥料配合使用，保证作物生长需要。

因此，在施用肥料过程中需要采取科学施肥技术，把有限的肥料用在最急需

的作物上，减少产量损失。如测土配方施肥技术、水肥一体化技术、叶面喷肥技术等。

三、科学施肥基础认识

（一）施肥的理论依据

1. 养分归还学说

进行农业生产，从田间收获农产品，如小麦、红薯等会带走养分，这些养分需要通过施肥来补充，若不及时补充会导致土壤养分含量降低。

2. 最小养分律

最小养分是土壤中相对作物而言含量最少的养分，它是决定作物产量高低的主要因素；最小养分不是一成不变的，而是随着施肥状况发生改变的。如我国在20世纪70年代主要缺乏的是氮素，但是随着氮肥的施用，土壤的最小养分变成了钾。这里需要说明的是，最小养分不是土壤中养分含量最少的，如微量元素，土壤中的含量较少，但是作物对微量元素的需求也是比较少的，如锌肥土壤中含量几 mg/kg 就可以满足需求，但是氮磷钾等达到几十甚至几百 mg/kg 也不见得能满足作物的生长需求。

3. 肥料报酬递减率

作物产量随施肥量的增加而增加；单位肥料的增产量（即报酬）却随施肥量的增加而递减。开始用每千克氮肥可能增产 20kg 小麦，再增加 1kg 的氮肥可能增产 5kg。若增加肥料的成本高于产出的小麦的产量的效益，则这个时候就是得不偿失的，所以，我们要考虑最佳施肥量，获取最大的报酬。

4. 综合作用率

各种肥料或养分之间要密切配合；施肥措施必须与其他农业技术措施密切配合。

以上 4 个方面，是我们进行综合施肥的理论依据，在生产中我们要灵活应用，合理施肥。

（二）施肥目标的变化

1. 土壤质量评价

根据北京市重要作物肥料投入量（2017 年），可以看出肥料投入大小顺序：保护地蔬菜 > 露地蔬菜 > 小麦玉米轮作。根据农业农村部最新的"化肥用量评价"标准来看，北京市一些作物是超标的，会造成了一定程度的土壤污染。

北京市主要作物肥料投入量（2017 年）

种植类型	有机肥				化肥（折纯）（kg/hm²）		
	施肥量（kg/亩）	N（折纯）（kg/hm²）	P₂O₅（折纯）（kg/hm²）	K₂O（折纯）（kg/hm²）	N	P₂O₅	K₂O
保护地蔬菜	2 500~6 000	787.5~1 890	326.3~783	405~972	262.7~356.5	113.4~158.2	143.5~173.1
露地蔬菜	3 000~4 500	945~1 417.5	391.5~587.3	486~729	201.8~253.3	119.5~135.7	105.7~154.5
小麦玉米轮作	1 000~2 500	315~787.5	130.5~326.3	162~405	234.5~324.2	153.1~183.2	93.2~134.7
其他大田	2 500~4 500	786~1 417.5	326.3~587.3	405~729	145.7~186.9	74.6~134.7	53.4~74.3
园地	2 000~4 000	630~1 260	261~522	324~648	135.4~196.4	86.3~113.4	154.6~190.4

化肥用量评价。

极重度化肥面源污染（>500kg/hm²）的有北京、海南、陕西、福建和广东等省市 5 个地区；

重度化肥面源污染（400kg/hm²<a ≤ 500kg/hm²）的有河南、天津、广西、新疆、湖北、山东、江苏和吉林等省市区 8 个地区；

中度化肥面源污染（300kg/hm² ≤ a ≤ 400kg/hm²）的有浙江、河北、安徽、辽宁、山西、宁夏、云南、内蒙古等省区 8 个地区；

轻度化肥面源污染（225kg/hm²<a ≤ 300kg/hm²）的有上海、湖南、重庆、四川、江西、甘肃等省市 5 个地区。

2. 水污染的情况

施用到土壤里的肥料被作物吸收利用一部分，还有很大一部分通过大水漫灌或降雨等淋溶到地下水里边。据北京、河北、陕西、东北等 18 个省市 2 103 眼水井监测结果表明：我国 80% 以上监测点地下水污染严重，为Ⅳ和Ⅴ类，其中，与农田淋溶相关的"三氮"（氨氮、亚硝态氮、硝态氮）污染最为严重。

"十二五"期间，国家环保局对《重点流域水污染防治专项规划》实施情况进行考核，考核内容包括河流出境断面水质达标情况。北京市北运河出境断面 –

榆林庄的考核目标为氨氮浓度 ≤ 8mg/l，但根据测试结果，2011年榆林庄断面氨氮浓度平均浓度为14mg/l，远大于目标氨氮浓度，实际上是超标的。

北京市考核标准最低（其他省为2或者5mg/L；污水排放标准（GB8978—1996）规定一级和二级标准为1mg/L，三级标准为2.0mg/L），而且还不达标，所以，污染问题是比较严重的。

3. 转变施肥方式

不合理的施肥导致一定程度的土壤污染和水污染，所以，施肥目标要有一定的转变，即在以前追求高产高效到现阶段高产高效优质的基础上，防止肥料在土壤中的大量积累，污染环境等。

新的形式下施肥目标：第一，保证根层土壤养分的有效供应，以满足作物高产对养分的需求；第二，避免根层土壤养分的过量累积，以减少养分向环境的迁移，防止污染环境。

新的形势下施肥管理：一是转变观念，转变大肥大水等的生产观念；二是在生产中应用防止面源污染的技术。疫情的发生，肥料供应的不足，也给化肥减量提供机遇。防止过量施肥，把有限的肥料用到急需的作物上，保证作物生产，保护生态环境。

（三）施肥要考虑的因素

主要考虑因土施肥、根据肥料特性施肥、根据作物需肥规律施肥等3个因素。

1. 因土施肥

（1）根据土壤肥力施肥。主要是充分利用土壤的供肥能力、根据土壤肥力确定目标产量。

（2）根据土壤质地施肥。不同土壤质地对土壤养分的利用率不同，如砂土应少量多次施肥，而黏土可以相对增加单次施肥的用量，减少施肥次数。

2. 根据肥料的特性施肥

不同的肥料的种类，其养分含量、养分释放速度、有机肥的优缺点等是不同的。

（1）有机肥的优缺点。

有机肥的优点：养分全面，包括氮磷钾和多种微量元素等；养分不易损失；养分释放均匀，肥效长；有利于培肥土壤，改善作物品质；利用有机废弃物加工有机肥有利于保护环境。

有机肥的缺点：养分含量低；养分经过矿化才能被作物利用，肥效慢；加工、运输、使用成本高。

（2）化肥的优缺点。

化肥的优点：养分含量高；施用运输方便；养分释放速度快，有利于快速供应用作物养分。

化肥的缺点：养分单一；养分易损失；容易造成环境污染。

（3）复混合肥料优缺点。

复混合肥料的优点：养分种类多；养分比例合理，适合作物生长需要；养分含量高；运输使用方便。

复混合肥料的缺点：一般有专一性，不同作物、不同土壤肥力适用的复混肥配方不一样，如小麦专用肥，若施到玉米上便不太合适；养分易损失；容易污染环境。

3.根据作物的需肥规律施肥

不同作物对不同养分的需求和用量是不一样。如番茄不同栽培方式不同，需肥量不同。若在温室中栽培，需要落秧，产量可以达到每公顷几十吨，这个时候需要的肥料就多一些。而陆地番茄不需要落秧，也就3~4穗果，产量相对较低，需要的肥料就相对少一些，所以，要根据作物的需肥规律进行施肥。

（四）施肥基本方法

施用肥料主要有种肥、基肥、追肥和叶面追肥等几种方式，当然也可进行根外追肥。不同的施肥方法，其肥效也不一样。如撒施可以相对较全面的覆盖作物根系的生长范围，而穴施可以满足作物不同层次根系的需求。

1.根外追肥概念与特点

根外追肥是将肥料配成一定浓度的营养液，借助喷雾器械洒于作物地上部的一种施肥方法。根外追肥的特点。

（1）提高肥料利用率（无土壤中的固定作用）。

（2）用量少，N、P、K 1%~3%，是土壤施用的1/10~1/5。

（3）有利于作物后期和密植作物的追肥。

（4）转化快，32P肥示踪技术表明5分钟后各器官有PO_4^{3-}。

（5）是施肥的辅助性方法，需和主要措施配合。

2. 叶面追肥

叶面施肥是一种根外辅助施肥方法，可以用于以下情况。

（1）施用微量元素肥料，叶面肥是补充微量元素肥料的一种较好的方式。

（2）基肥严重不足。

（3）植物根受害。

（4）植物已出现了某些缺素症，如缺少铁、缺硼等可以直接叶面补充。

（5）地上部太密，无法追肥。

3. 施肥方法的选择

各种施肥方式，需要根据作物、需肥特点等进行选择，施肥方法最终关系到肥效，十分重要。施肥方法大田作物有：撒施、条施、穴施、根外追肥、蘸秧根等。此外，果树还可采取环状、半环状和放射状沟施等。铵态氮肥和尿素均应深施覆土，才能减少氮的挥发损失；磷肥一般应深施，采取集中施用可减少土壤的化学固定。密植作物难以做到深施覆土，可撒施后及时浇水。

施肥位置也是很重要的，肥料应施在根系分布较多的湿润土层，有利于根系吸收养分。对于中耕作物，氮肥应施在植株侧下方，部分农民习惯将肥料施于植株基部是不对的。对于垄作作物，肥料条施后起垄栽培，即下位施肥。

（五）测土配方施肥

测土配方施肥是我国的一种叫法，国际上称为平衡施肥，也称作推荐施肥。主要是指在生产中，综合运用现代科学技术新成果，根据作物需肥规律、土壤供肥性能与肥料效应，产前制订作物的施肥方案和配套的农艺措施，获得高产、高效，并维持土壤肥力，保护生态环境。测土配方施肥的内容如下。

（1）根据土壤供肥能力、植物营养需求，确定需要通过施肥补充的元素种类。

（2）确定施肥量。

（3）根据作物营养特点，确定施肥时期，分配各期肥料用量。

（4）选择切实可行的施肥方法。

（5）制定与施肥相配套的农艺措施，实施施肥。

四、北京市主要作物春季施肥管理

（一）氮素养分管理

针对土壤氮素和氮肥效应"易变"的特点和农业生产中作物氮素吸收和氮素

供应难以同步的现状，从根层养分调控原理出发，根据高产作物氮素吸收特征，提出了氮素实时监控技术。氮素实时监控技术的要点如下。

（1）根据高产作物不同生育阶段的氮素需求量确定作物根层氮素供应强度。

（2）作物根层深度随根系有效吸收层次的变化而变化并受到施肥调控措施的影响。

（3）通过土壤和植株速测技术对根层土壤氮素供应强度进行实时动态监控。

（4）通过外部肥料氮肥投入将作物根层的氮素供应强度始终调控在合理的范围内。

（二）磷钾肥管理

将 3—5 年作为一个周期，监测并根据监测结果采取"提高""维持"或"控制"的管理策略及对应的施肥推荐，如下表"根据土壤有效磷与速效钾水平确定磷钾肥的用量"。

以磷肥的推荐为例：作物 P_2O_5 带走量（kg/hm²）= 玉米目标产量（t/hm²）× 玉米籽粒含磷量 + 玉米目标产量（t/hm²）× 秸秆系数 × 秸秆含磷量，目标产量以前 3 年平均产量提高 10% 而确定。

土壤有效磷与速效钾水平确定磷钾肥的用量

土壤 Olsen-P 含量（mg/kg）	土壤醋酸铵 -K 含量（mg/kg）	管理策略	相应的 P_2O_5 或 K_2O 推荐量
0~30	0~100	提高	作物带走量的 1.5 倍
30~60	100~125	维持	作物带走量
>60	>125	控制	不施肥

（三）微量元素推荐策略

因微量元素土壤的需求较少，根据土壤对养分的需求，缺哪种元素，补充哪种即可。微量元素的推荐用量参照下表。

微量元素的推荐用量

微量元素名称	土壤临界值（mg/kg）	肥料种类	用量（kg/hm²）
锌	1.0	硫酸锌	30.0
铜	0.2	硫酸铜	10.5~15.0

（续表）

微量元素名称	土壤临界值（mg/kg）	肥料种类	用量（kg/hm²）
锰	100	硫酸锰	30.0
硼	0.25	硼砂	7.5
铁	4.5	硫酸亚铁	30.0
钼	0.15	钼酸铵	0.15

作物施肥丛书

（四）春季作物施肥管理（以粮食作物为例）

1.北京市地区土壤养分评价

北京市土肥站编写了一套指导施肥丛书，如大兴土壤管理与作物施肥图册，大兴区农民施肥可以参照该书的推荐量。

2.基于养分评价的推荐施肥方案

根据北京市各地的土壤养分含量情况，制作了北京市土壤养分评价标准。

北京市土壤养分评价标准

项目 养分指标	单位 评分	评分规则				
		极高	高	中	低	极低
有机质	（g/kg）	≥ 25	25~20	20~15	15~10	<10
全氮（N）	（g/kg）	≥ 1.20	1.20~1.00	1.00~0.80	0.80~0.65	<0.65
碱解氮（N）	（mg/kg）	≥ 120	120~90	90~60	60~45	<45
有效磷（P）	（mg/kg）	≥ 90	90~60	60~30	30~15	<15
速效钾（K）	（mg/kg）	≥ 155	155~125	125~100	100~70	<70

根据土壤养分评价标准，制定了不同作物的施肥推荐量，可以为用户施肥提供参照。

（1）冬小麦追肥氮推荐用量。可以根据去年底肥的数量、苗情长势调整追肥的数量。现在如果肥料不足，可以少追肥，以后通过叶面喷肥补充营养。

冬小麦追肥氮推荐用量（kg/ 亩）

肥力等级	产量 500kg	产量 600kg
极低	11	13
低	9	12
中	7	10
高	6	8
极高	5	6

（2）玉米基肥和追肥用量。玉米根据土壤肥力和目标产量等，可参照下表中的土壤氮磷钾肥料的用量等。

根据测试玉米基肥和追肥用量如下表所示。

玉米基肥推荐用量（kg/ 亩）

肥力等级	氮肥		磷肥		钾肥	
	产量 600kg	产量 700kg	产量 600kg	产量 700kg	产量 600kg	产量 700kg
极低	5.1	6.5	6.6	8	5	7
低	4.1	5.7	5	6.3	4	5
中	3.1	5	3.3	4.7	3	4
高	2.1	4.3	1.7	2.3	2	3
极高	1.3	3.7	0	1.3	0	2

玉米后期追肥比较困难，如果有条件，可以使用 28-6-10 玉米缓释肥 40kg，一次底施，全部解决问题。玉米控释期一般都是 60 天左右，选择肥料时一定选玉米专用。

玉米追肥用量

肥力等级	产量 600kg	产量 700kg
极低	10.1	12.3
低	9.1	11
中	8.1	10.3
高	7.1	9.3
极高	6.1	8.3

以上介绍了小麦、玉米等作物的施肥状况。有些农户可能除了玉米和小麦外，还种植了蔬菜等一些别的作物。大家可以上网，下载北京市土肥工作站开发的施肥宝，进行不同作物施肥的查询。下载安装方法为：进入"北京土肥信息网"（www.bjtf.org），点击进入"配方施肥与产需对接"系统，扫码安装。

五、有机肥定量替代部分化肥技术

玉米小麦施用的有机肥相对较少，而蔬菜等作物对有机肥的需求较多。大量使用有机肥的作物，在肥料推荐中要充分考虑有机肥所提供的养分，根据有机肥养分含量及其释放特性、土壤质地和作物生长期，计算有机肥当季所能提供的养分，从作物所需总养分中扣除有机肥所能提供的养分，其余为化肥所供应的养分。

（一）有机肥的施用现状

受种植收益与施肥习惯影响，粮田有机肥用量不足，蔬菜、果树有机肥投入过量。通过对北京市设施菜田土壤进行调查，1999—2011年有机肥亩用量增加1.9t，使用量主要集中在2~6t范围。2018年北京市菜地平均使用有机肥4.82t。

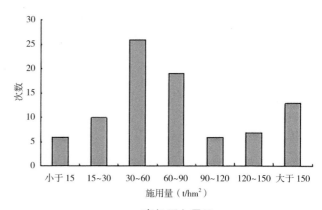

有机肥亩用量

	样本量	亩用量（t）
1999年	96	3.73
2011年	116	5.6

有机肥亩用量

（二）长期过量使用有机肥的危害

长期大量使用有机肥，造成土壤磷钾养分富集，使养分供应失衡，影响作物生长，还产生潜在环境风险。如调查施用有机肥1~5年、5~10年、11~15年、15~20年的土壤中的全氮、有机质及速效养分发现，随着施肥年限的增加，土壤中的速效氮磷钾的含量是增加的。

蔬菜保护地种植年限与养分含量关系

年限	调查点	全氮 （%）	有机质 （%）	碱解氮 （mg/kg）	速效磷 （mg/kg）	速效钾 （mg/kg）
16—20 年	3	0.190	3.70	171.0	584.3	497.4
11—15 年	16	0.143	2.29	114.3	269.2	229.7
6—10 年	22	0.121	2.22	89.1	359.6	210.0
1—5 年	28	0.100	1.79	77.0	264.5	177.0

土壤磷钾养分富集的原因与有机养分管理难点。我国习惯施肥管理中，不测算有机肥的养分含量。粮食作物有机肥用量小，不会产生问题。蔬菜果树长期大量投入有机肥，造成土壤养分富集与养分比例不平衡。有机肥的氮磷钾养分比例一般为1∶1∶1，而作物吸收养分比例一般为3∶1∶3，带入的磷钾量常超过作物养分需求量。有机肥施用到土壤中后，氮在转化过程存在挥发与淋溶损失，而磷钾在土壤损失相对较少，会造成磷钾在土壤中富集。因此，施肥管理中，要充分考虑有机肥所提供养分，科学替代化肥，满足作物生长需要，同时，保护生态环境。

（三）有机肥定量推荐模型

有机肥和化肥用量需要计算得出。首选需要根据作物生长需求，计算出需肥总量，根据有机肥和化肥所含养分含量，确定有机肥和化肥的用量。

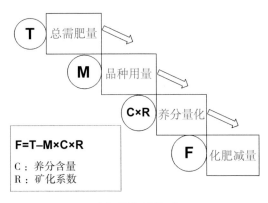

有机肥定量模型

确定品种和用量（明确目的）。有机肥有培肥和提供养分的作用。针对低肥力、新建菜田等以培肥为主，有机肥首先增加有机质、其次增加土壤养分。推荐次序：秸秆类＞家畜类（牛、猪、羊）＞禽类（鸡、鸭、鹅）。

针对高肥力、老菜田等以养分供应为主，有机肥首先保持养分、其次维持有机质。推荐次序：禽类（鸡、鸭、鹅）>家畜类（牛、猪、羊）>秸秆类。

基于扣除有机肥有效养分化肥推荐用量。例如，高肥力种植番茄，如下表，亩产8t番茄需施养分量（千克/吨）需要氮23.2kg、磷6.7kg、钾36.1kg，而1t有机肥可以提供氮20kg，磷20kg，钾20kg。按照当季矿化系数计算可以提供氮7kg，磷11kg，钾16kg。根据总养分需求量减去有机肥提供量，即可得出化肥的使用量。

基于扣除有机肥有效养分化肥推荐用量

推荐施肥计算步骤	氮（N）	磷（P_2O_5）	钾（K_2O）
有机肥总养分含量（kg/t）	20.0	20.0	20.0
养分矿化系数（%）	35	55	80
有机肥提供有效养分量（kg/t）	7.0	11.0	16.0
亩产8t番茄需施养分量（kg/t）	23.2	6.7	36.1
化肥推荐量（kg/亩）	16.2	0	20.1

（四）有机肥定量化应用验证

在北京市小麦、玉米、蔬菜等地做试验，根据养分推荐量、矿化率及扣除数，通过验证发现基本实现平产或稍增产的作用。试验过程中以当地推荐化肥用量为对照，进行以下处理：选取代表性有机肥样品，测定全氮、全磷、全钾，当季矿化率氮0.3、磷0.5、钾0.8，种植6个玉米、6个小麦品种，根据亩推荐有机肥500kg，扣除有机肥提供养分量，其余用化肥补充。

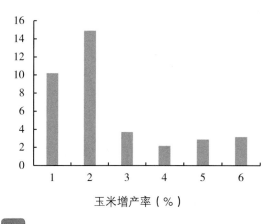

玉米增产率（%）

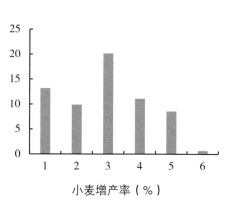

小麦增产率（%）

结论如下。

玉米6个点，平产4个点，增产2个点，平均增产6.17%

小麦6个点，平产1个点，增产5个点，平均增产10.6%

（五）各种有机肥的养分测算办法

以上主要介绍的是商品有机肥。不同原料的堆肥其养分含量是不一样的，其扣减的方法也是不一样的。

1. 固体堆肥养分测算

第一步，取有代表性的样品测定或通过查表获得全氮、全磷、全钾和水分的含量。

固体堆肥养分测算

堆肥名称	粗有机物	N	P_2O5	K_2O
猪圈肥	46.51	0.944	1.06	1.15
牛栏粪	51.17	1.41	0.83	2.38
羊圈肥	53.06	1.38	0.72	1.72
马厩肥	58.91	1.16	0.79	1.49
骡圈肥	49.43	1.39	0.84	2.61
驴圈肥	24.54	0.59	0.69	0.44
鸡窝粪	44.11	2.17	1.60	2.06
玉米秆堆肥	57.81	1.11	0.81	0.78
麦秆堆肥	47.57	1.11	0.60	0.94
水稻秸秆堆肥	56.52	1.55	0.63	1.86
山草堆肥	32.71	1.25	0.60	1.06
麻栎叶堆肥	52.87	1.43	0.52	1.83
松毛堆肥	58.64	0.99	0.42	0.98
沤肥	28.52	0.71	0.67	1.58
草塘泥	17.30	0.53	0.53	1.37
卤肥	11.12	0.43	0.42	2.51
沼渣肥	55.72	2.02	1.92	1.07

如堆肥原料 30% 为小麦秸秆，30% 鸡粪，40% 山草。通过上表可以计算该堆肥制品的全氮、全磷（P_2O_5）、全钾（K_2O）养分含量分别为 1.48%、0.90%、1.32%，具体计算过程如下。

全氮（%）= 小麦秸秆全氮含量 × 比例 + 鸡粪全氮含量 × 比例 + 草的全氮含量 × 比例

$$=1.113 \times 0.3+2.17 \times 0.3+1.25 \times 0.4=1.48$$

全 P_2O_5（%）$=0.60 \times 0.3+1.60 \times 0.3+0.6 \times 0.4=0.90$

全 K_2O（%）$=0.94 \times 0.3+2.06 \times 0.3+1.06 \times 0.4=1.32$

第二步，根据种植作物生长期长短、有机肥种类、种植条件和有机肥不同条件下的矿化率，确定该堆肥制品在种植作物当季矿化率。

如前面以鸡粪作物秸秆为主要原料的堆肥，使用在露地小麦上，生长期 250 天左右，查表获得露地 300 天鸡粪秸秆的氮、磷、钾的矿化率分别为 20.63%、21.38%、50.53%。

由于冬小麦的生长期在 250 天左右，矿化时间缩短，当季矿化率有降低，故确定该堆肥制品在小麦生长季氮、磷、钾当季矿化率分别按 20%、20%、50%。

第三步，根据有机肥的用量和当季矿化率确定堆肥制品当季所能替代的化肥用量。

如前面提到的 30% 秸秆、30% 鸡粪、40% 山草加工的有机肥，含水量为20%，在冬小麦上计划使用该堆肥制品 1 000kg。具体计算过程如下。

提供氮量 = 堆肥制品用量 × 含氮量 ×（1- 水分含量）× 当季氮矿化率 = 1 000 × 1.48% ×（1−20%）× 20%=2.37kg 纯氮；

提供磷量 = 堆肥制品用量 × 含磷量 ×（1- 水分含量）× 当季磷矿化率 = 1 000 × 0.90% ×（1−20%）× 20%=1.44kg P_2O_5；

提供钾量 = 堆肥制品用量 × 含钾量 ×（1- 水分含量）× 当季钾矿化率 = 1 000 × 1.32% ×（1−20%）× 50%=5.28kg K_2O。

2. 秸秆养分测算

第一步，确定秸秆还田量与秸秆养分含量。

根据产量确定秸秆还田，取样测试或者查表得出秸秆养分量。

秸秆养分测算

作物	草谷比	秸秆养分含量		
		N（%）	P$_2$O$_5$（%）	K$_2$O（%）
水稻	1.0	0.826	0.273	2.057
小麦	1.1	0.617	0.163	1.225
玉米	1.2	0.869	0.305	1.340
大豆	1.6	1.633	0.390	1.272
马铃薯	0.5	2.403	0.566	4.314
花生	1.5	1.658	0.341	1.193
油菜	3.0	0.816	0.321	2.237

第二步，确定秸秆养分矿化率。

采用尼龙网袋法研究稻草、麦草、油菜秆腐解规律。秸秆在培养前期腐解较快，不同秸秆腐解速率表现为油菜秆快于稻草和麦草，后期腐解速率逐渐变慢，3 种秸秆之间差异不明显。经过 124 天的培养，稻草、麦草、油菜秆的累积腐解率分别为 49.17%、52.17% 和 49.8%。

腐秸结束，稻草、小麦、油菜秸秆氮累计释放率为 42.05%、49.26%、57.83%，经过 124 天总体平均释放率为 50%；磷累计释放率为 68.28%、59.93%、67.32%，平均释放率为 60% 以上；经过 12 天的培养，秸秆中钾素释放率均达到 98% 以上，钾的平均释放率按 90% 计算。

第三步，测算秸秆在下茬作物生长期间养分释放量。

以小麦秸秆还田为例，小麦亩产 500kg，计算过程如下。

秸秆产量 = 亩产 × 草谷比 =500kg×1.1=550kg；

秸秆氮素养分量 = 秸秆产量 × 秸秆氮养分含量 =550×0.617%=3.4kg；

秸秆氮释放量 = 秸秆氮素养分量 × 氮的释放率 =3.4×50%=1.7kg；

秸秆磷素养分量 = 秸秆产量 × 秸秆磷（P$_2$O$_5$）养分含量 =550×0.163%=0.90kg，秸秆磷释放量 = 秸秆磷素养分量 × 释放率 =0.9×60%=0.54kg；

秸秆钾（K$_2$O）素养分量 = 秸秆产量 × 秸秆钾养分含量 =550×1.225%=6.74kg，秸秆钾释放量 = 秸秆钾素养分量 × 释放率 =6.74×90%=6.06kg。

3. 粪肥养分量测算

不同粪便，不同储存方式，粪便中养分损失量变化很大，国内这方面数据还不系统，参照美国农业废弃物管理手册中的数据。

粪肥养分量测算

粪便处理方式	氮损失率（%）
固体粪便封闭发酵	35
液体粪便厌氧塘储存	25
液体粪便氧化塘储存	60
液体粪便开放式氧化塘储存	80

粪肥不同使用方式养分损失量变化很大，国内使用方式还比较落后，大都是浇灌方式，注入方式很少，养分损失率是比较高的。

粪肥损失

施肥方式	粪肥形态	氮损失率（%）
地表施肥（无作物）	固体	20
	液体	25
地表施肥（有作物）	固体	5
	液体	5
注射施肥	液体	5
灌溉施肥	液体	30

以下是几种粪肥的有效养分含量。

奶牛粪不同储存方式下当季养分供应量

管理方式	最终水分含量（%）	第一年有效养分量（kg/t）		
		N	P_2O_5	K_2O
新鲜粪便，每日收集和施用，干燥前混入土壤	89	3.15	1.35	2.25
每日收集粪便，加入50%水，储存在有盖的容器中，每半年施用1次，干燥前混入土壤	92	1.35	1.35	2.25

（续表）

管理方式	最终水分含量（%）	第一年有效养分量（kg/t）		
		N	P₂O₅	K₂O
每日收集粪便，置于露天储存池中，加入 30% 水，保留液体，每年秋季撒施用 1 次，干燥前混入土壤	92	1.35	1.35	1.8
混有垫圈物的粪便，无屋顶设施中储存（垫圈物占重量的 10%），撒施	82	1.35	0.90	1.8
无垫圈物的粪便，储存室外露天；渗出液流失；干燥前撒施	87	1.35	2.5	1.8

肉牛粪便不同储存方式下当季养分供应量

管理方式	最终水分含量（%）	第一年有效养分量（kg/t）		
		N	P₂O₅	K₂O
新鲜粪便，每日收集和施用，干燥前混入土壤	86	4.05	2.25	3.6
每日收集粪便，储存在有盖的容器中，每半年施用 1 次，干燥前混入土壤	86	3.15	2.7	3.6
混有垫圈物的粪便（垫圈物占重量的 7.5%），堆放在有屋顶的设施中，春季进行清理，干燥前混入土壤	80	2.25	2.25	3.15
没有垫圈物的粪便，露天养殖区储存，春季清理，干燥前混入土壤，湿冷气候	70	3.15	4.05	6.3
露天养殖区储存，每半年清理并施用 1 次，半干热气候	30	4.95	7.2	1.35
露天养殖区储存，每半年清理并施用 1 次，干热气候	20	2.7	6.75	16.2

生猪粪便不同储存方式下当季养分供应量

管理方式	最终水分含量（%）	第一年有效养分量（kg/t）		
		N	P₂O₅	K₂O
新鲜粪便，每日收集和施用，物干燥或稀释处理，干燥前混入土壤	90	4.05	3.15	4.5
每日收集粪便，加入 50% 水，储存在有盖的容器中，干燥前混入土壤	93	0.9	2.7	2.7
条缝地板下的通风储存沟，稀释比例 1∶1 每 3 个月清空 1 次，干燥前混入土壤	95	1.125	1.35	2.25
露天养殖区储存，春季清理，干燥前混入土壤，湿热气候	80	2.7	4.50	5.4
露天养殖区储存，每年清理，并进行施用，干热气候	40	4.05	12.6	23.4

鸡粪便不同储存方式下当季养分供应量

管理方式	最终水分含量（%）	第一年有效养分量（kg/t）		
		N	P_2O_5	K_2O
新鲜粪便，每日收集和施用，干燥前混入土壤	75	12.15	9.45	6.75
储存在鸡舍下浅坑中蛋鸡粪便，每3个月清理1次，干燥前混入土壤	65	11.25	12.157	10.35
储存在鸡舍下有通风的深坑中蛋鸡粪便，每3个月清理1次，施用，湿冷气候	50	10.35	20.25	18.9
锯末或者刨花上的肉鸡粪便，每4个月清理1次，施用，湿热气候	25	16.2	15.75	18

4. 沼液沼渣养分测算

沼渣是一种速效与缓效相结合的肥料。在使用过程中要注意一定要经过脱水、发酵，而不能直接施用。需要和秸秆、牲畜粪便一起经过发酵以后在耕地时施入到土壤中，应避免和种子秧苗直接接触而发生烧种、烧苗的现象。

沼渣堆肥提供的作物养分含量可以参照固体有机肥养分测算办法进行。由于不同原料沼渣的养分含量差别很大，利用沼渣进行堆肥的辅料种类也非常多，所以沼渣堆肥的养分含量差别很大，需要测定沼渣堆肥中全氮、全磷、全钾、铵态氮、硝态氮含量。由于沼渣经过长时间的厌氧发酵，沼渣堆肥中速效养分含量比较高一些，可以提高沼渣堆肥在作物生长当季提供养分的比例。提高幅度可以根据无机氮（铵态氮、硝态氮）占全氮比例而增加。

施用沼液应根据沼液的浓度进行3~5倍的稀释，不能施用浓度较高的沼液直接灌溉。蔬菜利用沼液进行滴灌、喷灌应该与根离开一段距离，果树浇灌沼液应浇灌在树冠的位置或再远一些。

沼液经过长时间厌氧发酵，液体部分所含养分大多是速效的，可以取样直接测试铵态氮、硝态氮、全磷、全钾量，根据测定无机氮（铵态氮、硝态氮）、全磷、全钾含量乘以沼液用量直接得出可提供的养分量。

（六）有机肥使用注意事项

1. 有机肥定量化重点考虑因素

在作物养分管理中，应优先利用有机肥提供的养分，有利于保护环境与农业可持续发展；但也要防止过量使用有机肥危害作物生长和污染环境。作物推荐施肥时，定量测算有机肥氮磷钾养分的数量，防止粗略减少百分之几十的化肥。

有机肥使用量的计算重点要基于作物对磷元素的需求。有机肥供应不足的氮钾需要通过化肥补充。作物对氮的需求量比较大，如果基于氮供应确定有机肥的用量，长期施用会造成磷钾养分的富集。

2. 粪肥使用注意事项

（1）尽可能地将粪肥注入土壤中，以减少地表径流和臭气排放问题。否则，就需要远离水源设施或建筑物，如溪流、池塘、沟渠、住宅和公共建筑物等。我国粪肥使用还处于初级阶段，缺少机械化注入式粪肥使用设备，主要采用地表灌溉的方式，氮的损失率比较大。粪肥浇灌使用后要及时覆土或灌少量水，把养分淋入土壤，减少养分的损失。

（2）粪肥使用要选用合理的施肥时间，使臭气排放问题最小化。特别是在夏季，施肥时间宜选择在凌晨太阳还未升起之前或者晚上太阳落山后，气温凉爽的时候施肥。并且在风吹向人口稠密地区的时候严禁施肥。良好的施肥时间管理有助于避免邻居投诉。

（3）尽可能将液态有机肥粪肥施于相对平坦的土地上。如果坡度超过10%，则宜选择注肥的方式施肥，以防止产生养分流失，污染环境。

（4）施肥之前需要搅拌集污池或者氧化塘，以把沉淀物与液体充分混合。从而确保营养物质的均匀施用。

（5）在干旱天气情况下，推荐用稀释粪肥（储存塘或者地表径流液体）灌溉，以便在施肥的同时还为作物提供充足的水分。

（6）如果粪肥施用于作物叶面上，则在施肥之后推荐用清水冲洗，以避免烧苗。

（7）避免在容易发生径流的水饱和区或者上冻的土壤上施用液体有机肥。

（8）一年中选择某个时间点，给作物1次充分的清水灌溉，以避免作物根部积累盐分。

（9）当从集污池或者氧化塘提取粪尿的时候，要采取切实可行的安全措施。由于局部氧气不足或有毒气体积聚，很容易造成缺氧或者有毒气体窒息。尤其要避免在粪尿搅拌的时候，工作人员进入储存池大棚。

（10）建议对单个畜禽场的粪尿营养成分进行实验室分析，并且对当地的土壤也进行营养含量分析，确定粪肥的合理用量。

六、问题解答

（一）判断农家肥腐熟的标准是什么?

最简单的方法便是抓在手里闻一下，若没有臭味，有一股发酵的味道，则证明已经腐熟了；若有一股恶臭味，则说明没有发酵成熟。若是在实验室进行检测的话，则将有机肥放到瓶子里，1份肥加10份水，随后把有机肥的浸提液滴到吸水纸上，并在纸上放一定量的正常作物种子，看种子的发芽率，若种子的发芽率较高（大于80%），则证明有机肥充分腐熟，若种子的发芽率低，则证明有机肥腐熟不完全。

（二）有机肥可以和自家堆肥混合在一起使用吗? 需要注意什么?

有机肥和自家肥可以混合在一起的。自家堆肥的养分含量可能低一些，商品有机肥的养分含量可能高一些，混在一起的话可以一起使用。

但在混合过程中注意，商品有机肥的量不能太大，最好用以鸡粪为原料的堆肥和商品有机肥或秸秆混合使用，将缓效和长效养分搭配起来会更好一些。

（三）冬小麦从种到收有哪几个阶段?

北京市的冬小麦一般在9—10月播种，第一个需肥期一般在种植时，需要施用一定量的底肥；第二个需肥期为返青肥，就是开春浇返青水的时候施用；第三个需肥高峰为拔节肥，也是需肥量最多的时期；第四个为灌浆期施肥。

小麦除底肥外，一般为了种植方便，还要在春季施用1次或2次的肥料。若为2次施肥，一般为返青肥和拔节肥；1次的话可以施用1次拔节肥，若后期需肥可以叶面喷施1次磷酸二氢钾。

（四）阳台蔬菜种植时施用什么肥料最好?

个人建议是前期施用一些腐熟的有机肥，后期追施一些水溶性肥料，也可以买一些缓释肥，一次性施入。当然，少量多次施肥效果是最好的，因为阳台农业相对来说面积小一些，施肥方便一些，可以买一些高浓度的氮磷钾复合肥，每次灌水的时候，加入几克的水溶肥，进行施用，半个月施用1次肥水就可以满足需求。

粮经专题

京科系列良种节本增效、绿色轻简种植生产技术

‖专家介绍‖

赵久然博士，现任北京市农林科学院玉米研究中心主任，二级研究员。北京学者，兼任农业农村部玉米专家指导组组长、植物新品种复审委员会委员、中国农业大学教授、北京作物学会理事长等。

他培养和带领一支年轻实干的育种团队，培育出京科968、京科糯2000等玉米新品种100多个，累计推广2亿多亩；其中，京科968、京农科728、MC121、NK815等数十个品种正在生产上大面积推广；京农科2000、农科玉368等系列鲜食玉米品种种植更是遍布全国各地，为农民增收、农业增效发挥了重要作用。

构建了已有5万多个品种的全球数量最大的玉米标准DNA指纹库；作为农业农村部"农作物品种DNA身份鉴定体系构建"及科技部"主要农作物种子分子指纹检测技术研究与应用"项目首席专家，在作物DNA指纹构建技术创新方面发挥了引领作用。研究发布我国玉米核心种质黄早四自交系基因组序列等；荣获"全国粮食生产先进科技工作者""中国种业十大杰出人物"等称号。

课程视频二维码

一、国内外玉米生产概况

（1）玉米是我国和全球种植范围最广、总产最高的第一大粮食作物，其中，我国每年生产玉米2.6亿t以上，全球每年生产玉米10亿t以上。

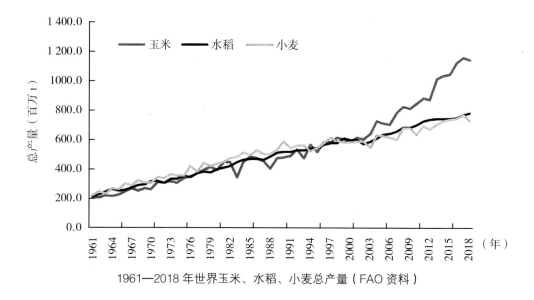

1961—2018年世界玉米、水稻、小麦总产量（FAO资料）

（2）玉米是我国和全球种业市值最大作物，杜邦先锋、孟山都等国际种业巨头均是以玉米为主要业务。

（3）玉米是用途最广作物，具有粮、经、果、饲、能多种用途，是饲料之王，可做生物能源等。在籽粒玉米中有近70%的产量用作饲料，近30%的产量用作工业加工原料，其中，仅工业加工产品就有上万种，其他少部分产量作口粮食用。此外，还包括像水果蔬菜一样种植、采收和食用的鲜食玉米以及作为牛羊等草食牲畜主要饲料的青贮玉米。

（4）玉米是品种类型最多作物。

从生物学可分为硬粒型、马齿型、半马齿、甜质型、糯质型、爆裂型等9类。

从收获物和利用物又可分为三大类：籽粒玉米、鲜食玉米、青贮玉米。

① 籽粒玉米：籽粒玉米是收获成熟的玉米籽粒，用于口粮、食品、精饲料、

| 硬粒型 | 马齿型 | 半马齿型 | 粉质型 |

| 甜质型 | 糯质型 | 爆裂型 | 有稃型 |

加工原料等。按营养品质特点，籽粒玉米又可区分为高淀粉玉米、高油玉米、高蛋白玉米等，其中高淀粉玉米是平时用途最多的玉米。

②鲜食玉米：鲜食玉米是收获玉米的鲜嫩果穗，可像水果蔬菜一样食用，它又可分为甜玉米、糯玉米、甜加糯玉米等类型。

③青贮玉米：青贮玉米是收获玉米鲜绿植株，经切碎发酵，用于牛羊等草食牲畜饲料，它又可分专用型、兼用型、通用型、饲草型等。

（5）玉米还是适应性最广，种植区域最广作物。玉米种植区域分为北方春玉米区、黄淮海平原春夏播玉米区、西南山地丘陵玉米区、西北内陆玉米区，种植范围几乎覆盖我国所有省份。

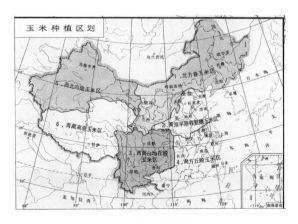

玉米种植区划图

（6）玉米是单产潜力最高作物。中国最高产纪录：1 517.11kg/亩（2017年，新疆维吾尔自治区奇台县，MC670，北京市农林科学院选育）；世界最高产纪录：2 269.136kg/亩（2017年，美国弗吉尼亚州，P1197AM，先锋公司选育）。

（7）玉米具有省工省事、投入少、产量高、销路稳定、效益良好等特点。

（8）玉米具有多种优势，现已成为我国种植面积最大、产量最高的作物，据2019年统计，我国玉米种植面积达6.19亿亩、产量超过2.6亿吨。目前我国玉米四大生产区分别为东华北春玉米区、黄淮海夏玉米区、西北春玉米区、西南及南方玉米区。其中，鲜食玉米和青贮玉米为我国两大类专用玉米，鲜食玉米种植面积在2 000多万亩，青贮玉米种植面积在2 000多万亩。

（9）普通玉米（大田籽粒）国家区试共划分为12个生态区（组）。

选育京科系列品种

序号	生态区（组）	序号	生态区（组）
1	北方极早熟春玉米区	7	京津冀早熟夏玉米区
2	东华北中早熟春玉米区	8	西北春玉米区
3	北方早熟春玉米区	9	西南春玉米（中低海拔）区
4	东华北中熟春玉米区	10	西南春玉米（中高海拔）区
5	东华北中晚熟春玉米区	11	热带亚热带玉米区
6	黄淮海夏玉米区	12	东南春玉米区

二、京科系列玉米良种的优势和特点

近10年来（自2011年起）北京市农林科学院玉米研究中心选育了上百个国审京科系列品种。其中，大田籽粒玉米目前在生产上大面积推广种植的有数十个，如京科968、京农科728、MC121、NK815等，这些品种经受住了大面积生产实践检验和考验，具有综合性状优良，特点突出、市场竞争力强等优势。

育种中的创新主要体现在育种技术创新、种质创新、杂优模式创新、品种创新。玉米育种中，模式创新至关重要，杂优模式创新改变，种质和品种也要发生根本改变。

京科系列良种团队跳出了模仿育种的怪圈，在"育种技术——种质材料——杂优模式——重大品种"这一育种流程中秉承了"不同、有用、更好"的创新三要素，不再是类958、类335，而是具有自身鲜明特色和优势，创制新的核心种质群，形成自己新的杂优模式，这种杂优模式我们称为 X 群 × 黄改群（黄改、黄旅、黄瑞、黄欧……），被业界称作 968 模式、728 模式，符合生产上和广大经销商及农户的差异化、特色化需求。

X 群 × 黄改群不同于之前已有的 958 模式、335 模式，聚合了"高产优质"和"多抗广适"两方面优势。一般生产上所说的红轴即 335 模式，白轴及 958 模式，京科系列品种具有"白轴 + 红轴"两者的优点，既有丰产性又具有抗逆性。

下面以京科 968 为例介绍京科系列良种的优势和特点。京科 968 的适宜区域非常广泛，经过多种生态和生产条件的检验，同时，通过大面积的生产考验，全国每年种植 2 000 多万亩。京科 968 不仅通过东华北春玉米区审定（国审玉 2011007），也通过了黄淮海夏玉米区、西北玉米区、西南玉米区、东南玉米区的审定；通过国家青贮玉米新品种审定以及黑龙江省审定，粮饲通用型品种审定。京科 968 是目前审定区域最多、范围最广的品种（适宜京津冀，东华北春玉米区、黄淮海夏玉米区、西北、西南、东南等我国多个玉米主产区推广应用）。

该品种实现了"高产、优质、多抗、广适、易制种"的育种目标，是一个具有重大突破性的玉米品种。自 2016 年以来成为我国年种植超过 2 000 万亩的三大主导品种之一，也是北京市的春玉米主推品种。

（一）高产稳产

京科 968 在国家玉米品种区试和生产实验中，比主栽对照品种郑单 958 增产 10% 以上，同样在大面积示范和生产中，比郑单 958 亩增产 100kg 以上。在内蒙古、吉林、辽宁等省区地涌现出大量农户吨粮田，创出籽粒直收最高亩产纪录 1 362.07kg。

（二）品质优良

1. 籽粒品质优

京科 968 脱水、容重、淀粉、蛋白含量等各项指标均达国标一级，助力"通辽黄玉米"获得优质农产品和地理标志产品，其收穗后可及早脱粒卖粮，是粮库、饲料、加工企业喜欢收购的品种。

容重 767g/L，达到国家一级标准（≥ 720）；

淀粉含量 75.42%，达到一级高淀粉玉米标准（≥ 75%）；

蛋白含量 10.54%，达到一级饲料玉米标准（≥ 10%）；

生理成熟含水率（≤ 28%），同期郑单 958 ≥ 30%。

2. 粮饲通用

青贮品质一级，成为粮饲通用型主导品种，在调结构、粮改饲、提质增效中发挥了重要作用。

中性洗涤纤维含量 38.28%，优于国家一级标准（≤ 45%）；

酸性洗涤纤维含量 14.91%，优于国家一级标准（≤ 23%）；

粗蛋白含量 8.60%，超过国家一级标准（≥ 7%）；

淀粉含量 33.79%，超过优质青贮品种标准（≥ 30%）。

（三）抗逆性强

1. 抗多种病虫害

京科 968 对大斑病、丝黑穗、茎腐病等 5 种主要病害都具有抗性，并对玉米螟、黏虫、蚜虫以及红蜘蛛表现出广谱抗性。

抗大斑病效果对比

抗红蜘蛛效果对比

2. 耐干旱

京科 968 的耐旱指数居第一位（耐旱指数 1.3），显著高于郑单 958（耐旱指数 1.1），并在大面积生产中经受住了多种严重干旱考验，在京津冀雨养旱作、零灌溉生产条件下，可实现亩产 750kg 高产水平。

耐干旱对比（图片来源：中国种业，2017；农学学报，2017）

3. 耐涝渍

在严重积水涝害条件下，仍能"青枝绿叶腰中黄"，正常成熟，而图片中左侧对照品种已枯死。

耐涝渍对比

4. 耐瘠薄、N 高效

京科 968 在减施 1/3N 量情况下，仍能保持产量稳定。亩施纯 N 由常量 15kg 减至 10kg：京科 968、郑单 958、先玉 335 分别减产 7.4kg、35.0kg、31.9kg，3 个品种 N 利用效率分别为 53.4kg、47.8kg、49.8kg。

在内蒙古自治区通辽一农户连片百亩沙荒薄地种植京科968平均亩产达1 028.61kg。

不同氮肥处理条件下的产量表现表

处理	品种 Variety			
Treatment	ZD958	XY335	JK968	JNK728
N0	9 757.5 c	9 354.0 c	9 964.5 c	8 714.4 c
N1	10 362.0 b	10 273.5 b	10 981.5 a	9 397.2 b
N2	10 795.5 b	10 350.0 b	11 443.5 a	10 018.7 a
N3	11 320.5 a	10 831.5 a	11 554.5 a	10 226.4 a

减施后的对比情况

5. 耐盐碱

17个耐盐指标结果表明，京科968综合耐盐指数3.77，高于郑单958（3.20）、先玉335（1.28），并已在盐碱地大规模成功示范种植。

（四）低镉积累

湖南农科院作物所，利用34个玉米品种，进行春、夏播多点试验和测定，结果表明：高镉积累品种平均（0.406mg/kg）；中镉积累品种平均（0.265mg/kg）；京科968属于低镉积累最低品种之一（0.01mg/kg）。

（五）种子活力高，耐贮性好

与其他品种相比，京科968在贮藏过程中种子生活力指标变化较小，表现出了较高且稳定的耐贮性和发芽势。

（六）其他特点

京科968具有耐低温萌发，不粉种、抗丝黑穗，拱土能力强，出苗整齐一致等优势。利于提早播种，提早至4月中、下旬播种，利于蹲苗、大穗、防倒伏和后期充分灌浆成熟。

三、节本增效、绿色轻简生产技术

农业生产根本目的是获得效益，即增产增效、提质增效、节本增效、资源高效。在种植过程中一般涉及的成本和费用主要包括种、肥、水、药等成本以及土地费用、人工费用、农机费用等方面，京科系列良种因具有"多抗广适"的综合优点，可以降低成本，增加效益。节本增效、绿色轻简种植生产主要技术要点及注意事项包括以下几个方面。

（一）良种（优良品种＋优质种子）是基础

需从正规渠道"三证"齐全的公司选购优质种子，最好是精量包装带包衣的种子。种子芽率≥95%（最低≥92%）、净度≥99%、纯度≥99%、含水量≤13%，优质种子可实现单粒精量播种，进而省去间苗人工，保证田间整齐度。

（二）播种

1. 春播—适时播种

（1）温度。一般在5cm地温稳定大于10℃时播种，时间在五一前后（4月下旬至5月上旬）。但也需要根据品种生育期长短进行调整。例如，京科968在通辽尽量早播，在五一之前播种，MC121在通辽应五一之后播种，或在积温偏少地区播种。

（2）墒情。春播很多地方需要抢墒播种，但有的地方比较干旱则用"坐水种"，此外，还有播前灌、播后灌、等雨播种等方式。

2. 夏播—抢时播种

春争日，夏争时，尽量早播。具体包括抢墒播，干播种，蒙头水，等雨播。

总体来说播种时最重要的是精细精量播种，保证苗全苗匀苗壮，提高整齐度。一是精量播种，即根据密度确定播种量，节省间苗定苗人工；二是精细播种，即深浅一致（3~5cm），行距均匀（60cm左右）。

精细精量播种出苗展示

3. 保护性耕作——免耕播种

其优势包括降低耕种农机、人工成本、蓄水保墒、秸秆还田、出苗齐全壮。

保护性耕作（照片由关义新提供）

4. 夏玉米免耕贴茬直播

夏玉米免耕贴茬直播是一项成熟技术，相关要求如下。

（1）注意留茬要尽量低，≤15cm。

（2）麦茬太高或秸秆量大，需要播前灭茬。

（3）禁止烧秸秆，注意防病虫草害。

（三）合理密植

合理密植是一项重要栽培措施，它与品种、地力、施肥水平、气候等多种因素有关。一般品种具有适宜密度和可耐密度，适宜密度有一个范围，如4 500~5 000株，最好取下限即4 500株。不必盲目增密，种植目的是要籽粒产量和效益，不是比谁密度大，增密同时也须增加种肥水药及人工等各项投入，同时还会增加倒伏、空秆、热害、病害风险。京科968在4 000株就可获得1 000kg产量，无需盲目增密到5000株。

（四）施肥

从节本增效的角度来说少用人工，用缓释肥一次性底施。可以种肥同播，种肥侧深施；种肥隔离，避免肥害烧苗。

（五）化学除草（播后打封闭 + 苗期除草剂）

根据当地杂草类型谱选择高效、低毒、安全型除草剂，播后苗前进行土壤封闭除草。对出苗后杂草较多地块，可在玉米 3~5 展叶期进行苗后化学除草。有些品种苗期对烟嘧磺隆等苗后除草剂敏感，而有些品种如京科 968、京农科 728 具有较强的耐受性。

（六）病虫防治

（1）防治地下害虫和苗期病虫害，可选用优质的包衣种子。

（2）防治中后期病虫害，在大口—吐丝后 1 周，可进行无人机飞喷。

建议可根据情况进行喷施，一喷多效"三增三减"，即"增加产量、容量、品质等；减少倒伏风险、病虫害（特别是玉米螟）、霉变粒等"。

（七）预防高温热害

（1）耐热品种—京科系列多抗广适；

（2）合理密度取下限是减少倒伏、空秆、干旱、脱肥、热害等的有效措施，也是节本增效、绿色轻简生产的重要措施；

（3）黄淮海夏玉米 3 500~4 500 株；

（4）灌溉，保证水分供应是预防高温热害的有效措施，热害往往是干旱与高温叠加导致；

（5）叶面喷水或者喷施营养液（无人机、植保机叶面喷施磷酸二氢钾营养液）可以有效给玉米植株降温，预防高温热害。

（八）适时晚收、充分成熟、机收果穗

适时晚收、充分成熟的要求至少是籽粒要达到"乳线消失、黑层出现"，此时为生理成熟，这时的含水率 30% 左右。

机收果穗具有节本增效特点，仍具优势，可与机收籽粒长期共存，可加强果穗机收社会化服务。

机收籽粒是一种发展趋势，需要稳步推进。京农科 728、729，828；MC812、MC121 等系列可以进行机收籽粒。在机收籽粒方面除了对品种有一定要求，还需要配套的收获机械来防止破损以及配套的烘干设施，一般标准玉米水分 $\leq$ 14%，最佳收获水分 22% 左右，如果根据具体情况放宽要求的话，则水分含量春玉米 $\leq$ 25%，夏玉米 $\leq$ 28%，且之后需要及时烘干和晾晒。

（九）节本增效、绿色轻简生产总结

（1）优良品种，优质种子。

（2）免耕直播，精量播种。

（3）缓肥底施，种肥隔离。

（4）雨养旱作，秸秆还田。

（5）合理密植，科学水肥。

（6）一喷多效，防灾减害。

（7）适时晚收，充分成熟。

（8）机械收获，果穗籽粒。

（9）绿色轻简，节本增效。

四、良种良法配套——京科系列代表性品种简介及主要轻简栽培技术要点

（一）京农科 728（国审玉 20170007）

京农科 728 是目前适应范围最广的品种之一，北至黑龙江省，南至海南岛，西至新疆以及青藏高原都有种植。除黄淮海和京津唐夏播区国审外，还通过黑龙江、内蒙古等省区审定和吉林省、辽宁省等认定。同时，该品种在津京冀和黄淮海既可早播，又可晚播，时间范围从 3 月下旬至 7 月上旬，该品种适宜于等雨播种；既可稀植，也可密植，3 000~7 000 株都可以，最适 4 500~5 000；既耐干旱，也耐涝渍，也耐瘠薄和除草剂；既可机收粒，也可机收穗；既可收籽粒，也可收青贮。

京农科 728 是我国首批机收籽粒国审品种，具有耐旱、抗倒、机收粒的特点，实现黄淮海夏玉米大面积单粒精播和籽粒机收，黄淮海夏玉米区和东华北春玉米区均可实施机收籽粒，已大面积推广，累计推广超过 1 000 万亩。在黄淮海夏玉米区实现大面积机收籽粒，含水率在 28% 以下，亩产 800kg 以上。在四川省山区创出高产纪录，2017 年 10 月 28 日，农业农村部玉米专家指导组专家在四川省甘孜州丹巴县开展创建的玉米高产田进行测产验收中，京农科 728 示范田平均亩产达 1 059.54kg。

京农科 728 种子活力高，耐低温、耐旱萌发，芽势强，苗齐苗壮，一播全苗；同时，根系发达，抗倒伏能力强，每亩 5 000 株遇大风不倒伏；耐高温热害，不"花粒"；耐旱节水，水分利用效率高，全生育期可实现雨养旱作零灌溉，在极度干旱年份或关键生育期遭遇严重干旱时，可适度进行节水灌溉；活秆成熟，后期站秆性好，可直接籽收。

耐旱节水表现

京农科 728 轻简栽培技术要点及注意事项总结：

可以早春播，也可晚夏播；

最适宜京津冀及山东等；

在中南部最适宜机收籽粒；

最适密度 4 500~5 000 株；

耐干旱，可等雨晚播；

既可机收粒，也可机收穗；

可收籽粒，也可收青贮。

（二）京农科 828（国审玉 20190009）

京农科 828 与京农科 728 属于一个系列，但也具有差异性，其生育期较京农科 728 稍长，产量潜力大，抗倒性突出，耐密植，可以机收籽粒。

该品种目前由北京龙耘种业和吉林鸿翔种业共同开发，在市场管理方面具有区域划分，两家公司包装具有差异。

北京龙耘种业的品牌包装

（三）NK815（京津冀审玉 20170001）

NK815 由顺鑫农科种业独家经营，是京津冀联合审定的第一个新品种。该品种中早熟，晚春播—早夏播，最突出的特点为"极抗倒伏"，另外，还具有活秆成熟、穗大、棒匀、产量高、耐高温热害等特点。2018 年 9 月 28 日《北京日报》第 12 版对该品种进行了题为"京津冀三地联审玉米新品种经受高温大风考验"的报道。

NK815 品种图片

（四）MC812（国审玉 20190284、京审玉 2015003）

MC812 适宜在北京及黄淮海夏播种植，具有中早熟、品质优、耐涝渍，抗倒性强等特点，良好的抗倒性经受住了生产考验。同时，它还具有脱水快，既可机收果穗也可机收籽粒的优点。

耐涝抗倒对比图（左侧对照因涝渍全部枯死，右侧为 MC812 品种）　抗倒性对比图（左侧为 MC812 右侧为对比品种）

（五）MC121（国审玉 20180070、京津冀审玉 20180004）

MC121 现已通过京津冀 3 省市联合审定，国家东华北区春玉米审定和黄淮海区夏玉米审定，适宜东华北区、黄淮海区、京津冀早熟夏播三大区域。前期通过多点试验示范和大面积生产，证明具有以下特点：株型紧凑，耐密植；株高适中、穗位低，茎秆韧性强，抗倒伏；品质优、米质好、高淀粉；容重高，可以达到 783 g/L，超过国家标准；早熟、脱水快，既可机收果穗也可机收籽粒；抗穗腐、抗茎腐。

MC121 茎秆韧性展示

早熟：出苗至成熟在东华北春玉米区平均 126 天、黄淮海夏玉米区平均 100 天，比对照郑单 958 早熟 2 天。

脱水快：后期脱水快，收获时籽粒含水率低，既可机收果穗也可机收籽粒。

（六）京科 999

京科 999 已申报国家审定，适宜黄淮海区种植，是红轴大穗品种，最适密度为 4 500 株。

京科 999 展示图片

五、问题解答

（一）京科 968 在河北夏播区域用于青贮种植，4 月中旬开始种植一茬收获青贮后，7 月可以再种一茬吗？

如果想种两茬的话，第一茬需要更早播，建议提前在 4 月初播种，第二茬最晚不要晚于 7 月中旬。

（二）请问在哪个时间节点浇水可以避免高温热害的发生？

在热害前或正在发生时应及时浇水，一般孕穗吐丝期是最敏感期，在孕穗期及时合理浇水可以预防和减轻高温热害发生。

（三）京科999在黄淮海夏播需要化控吗？

不需要化控，该品种抗倒性很强。

（四）玉米播种后什么时候打除草剂合适？

玉米打除草剂一般有2个时期，一是播后至出苗前，即播后苗前打封闭；二是苗期3~5叶展的时候打苗后除草剂。注意2个时期打的除草剂是不同的。

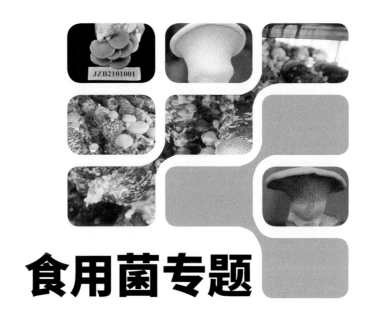

JZB2101001

食用菌专题

食用菌新品种新技术研发应用

‖ 专家介绍 ‖

刘宇，现任北京市农林科学院植物保护环境保护研究所食用菌研究室主任，研究员，国家食用菌产业技术体系北京综合试验站站长，北京市食用菌工程技术研究中心主任，京津冀食用菌产业科技创新服务联盟负责人，兼任北京食用菌协会会长，中国食用菌协会副会长等职务。主持各类科研项目48项，获得北京市科学技术二等奖和三等奖各1项，北京市农业技术推广二等奖3项、三等奖1项，发明专利48项、实用新型专利4项，食用菌新品种
鉴定9个，发表学术论文157篇，主编论著1部，参编论著3部。累计选育出的20余个食用菌优良品种和研发的配套高效栽培技术已推广至全国各地，培训菇农2.5万人次，创造显著的社会经济效益。先后获得全国优秀科技特派员、全国"三农"科技服务金桥奖先进个人、全国小蘑菇新农村建设突出贡献者、全国农业先进工作者、全国科技助力精准扶贫先进个人等荣誉称号。

课程视频二维码

食用菌是介于植物性食品和动物性食品之间的一种食品，也可称为微生物食品或菌类食品，食用菌是一种高蛋白低脂肪食品，营养搭配合理，含有丰富的维生素和矿质元素，联合国粮农组织和世界卫生组织提倡人类合理的膳食结构为"一荤一素一菇"。

食用菌营养及药用主要价值如下。

平菇：含有一种降低血压和胆固醇的成分，适宜高血压患者食用。

双孢菇：蛋白质含量高，脂肪含量低，且为不饱和脂肪酸，适宜肥胖者食用。

杏鲍菇：杏鲍菇中的多糖能降低人体内的血糖含量，适宜糖尿病人食用。

金针菇：赖氨酸含量高，可促进人体生长发育，对智力发育有利，适宜小孩食用。

香菇：含有维生素 D 前体，人体吸收后可转变为维生素 D，有利于促进人体对钙的吸收，对预防佝偻病和老年人骨质疏松效果较好。香菇菌柄较硬，含有大量的膳食纤维，对便秘病人有很好的效果。食用时，应用刀纵向切，不能横向切，否则咬不动；如用手纵向撕碎，再烹调菜肴，口感更好。多吃香菇可增强人体免疫力，对病毒有一定的抑制作用，流感来袭时可降低被传染的可能性。

平菇和香菇的挑选主要方法如下。

一是看新鲜程度（有无白毛现象、菌盖倒扣型，若菌盖边缘外翘则已老；菌褶呈片状褶形，完整无破损）。

二是菇体含水量不能太高（水分高，不易保存，影响口感和风味）。挑选时用手捏一下，若出现水印则正常，若出现水滴，并往下流，则含水量较大。香菇菌盖表面花纹多，则含水量较低，质量好，为上等菇（俗称花菇）；香菇菌盖着色浅（俗称白面菇），则菇体水分较少，为中等菇；香菇菌盖颜色深，则菇体水

香菇挑选方法

分较多，为下等菇。

一、北京市农林科学院植物保护环境保护研究所食用菌科研平台

食用菌科研平台主要有 4 个，这 4 个平台对于食用菌的新品种研发和转化推广具有重要作用。

（1）农业农村部国家食用菌产业技术体系北京综合试验站。

（2）北京市食用菌工程技术研究中心。

（3）京津冀首都食用菌产业科技创新服务联盟。

（4）北京食用菌创新团队栽培岗位。

食用菌科研平台相关活动和学术技术交流会

二、食用菌产业发展现状

1. 全国食用菌产量、产值变化以及主要栽培菇种和分布省份

（1）产量。2011 年全国食用菌产量 2 571.74 万 t，到 2018 年总产量达到 3 789.03 万 t。2011—2016 年年均增长量较快，2016—2018 年均增长量放缓，国内产业规模趋于相对稳定。

2011—2018 年全国食用菌总产量

（2）产值。

2011—2018 年全国食用菌总产值整体呈增加态势，但是 2017 年较 2016 年总产值下降，说明 2017 年的食用菌单位销售价格比 2016 年低。

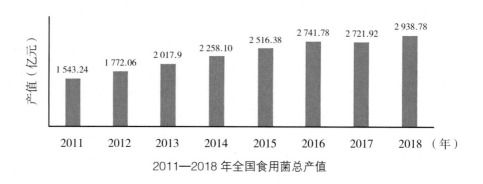

2011—2018 年全国食用菌总产值

综合国内食用菌产量和产值变化情况可以看出，市场产量和需求整体保持相对平稳，除非扩大海外市场出口或国内人均消费量使得需求变大，否则，不建议大规模扩大生产，可先稳定效益再考虑进行规模化发展。

（3）主要栽培菇种和分布省份。目前，全国香菇产量最高，黑木耳排第二位，香菇和黑木耳是很好的扶贫项目，具有见效快的特点。河南种植食用菌规模最大，年产量达 530.43 万 t，福建排第二为 418.66 万 t，由于河北省山区贫困县较多，在扶贫产业中选择食用菌项目较多，目前年产量也在全国占有一席之地。

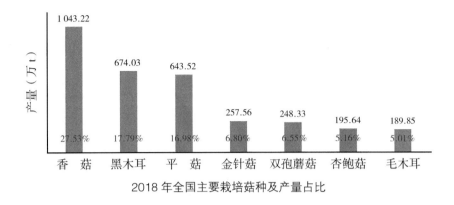

2018 年全国主要栽培菇种及产量占比

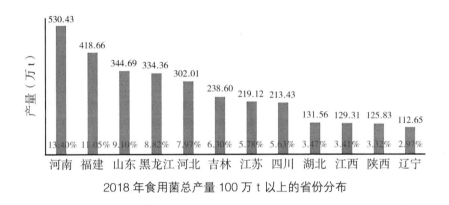

2018 年食用菌总产量 100 万 t 以上的省份分布

2. 食用菌产业发展现状及存在的问题

目前食用菌产业现状的特点：栽培品种持续增加、产区范围继续扩大、优势基地及园区建设快速发展、工厂化生产逐步实现专业化。

食用菌产业发展存在的问题：食用菌行业投资存在一定的盲目性、食用菌产品的结构不尽合理、菌种技术研发相对滞后、新型栽培基质开发不足。

3. 食用菌产业主要科技支撑分布

目前有代表性的主产区基本都有相关研发团队，地方区域有 11 省（市区）拥有创新团队，北京、上海、四川、广西、河南、山西、福建、浙江、山东、河北、陕西等省市区均有食用菌创新团队。国家团队和地方团队为产业发展提供了良好技术支撑。

4. 京津冀产量、产值变化

产量和产值情况。

从 2011—2018 年，京津冀地区食用菌产量和产值总体呈上升趋势，2015—2018 年增速放缓，变化速率和全国趋势相似。

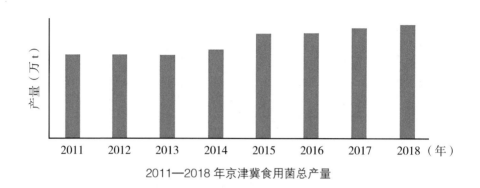

2011—2018 年京津冀食用菌总产量

2011—2017 年京津冀食用菌总产值

5. 全国精准扶贫——食用菌示范基地

2020 年 4 月 20 日习近平总书记考察陕西柞水县木耳基地，点赞柞水木耳为"致富耳"，木耳虽小，产业却大。

习近平看柞水县金米村的脱贫"致富耳"

cctv.com 央视
04.20 23:20

＋关注

原标题：习近平陕西行｜看柞水县金米村的脱贫"致富耳"

下图为部分贫困县发展食用菌产业北京市农林科学院团队支撑图片。

河北　阜平

内蒙　宁城

山东　日照

西藏　拉萨

山西　广灵

贵州　六盘水

三、食用菌新品种新技术

（一）平菇优良品种筛选应用

平菇种植规模较大，但是品种混乱，很多好的品种其实是一些较老品种。北京市农林科学院食用菌团队对平菇种质资源进行了评价。

下图中打对号的 JZB2101001、JZB2101003、JZB2101021 3 个品种是生产上应用最多的，但是目前在市场上这几个品种的名称很多，经常对农户产生误导，让农户误以为买到了新品种。

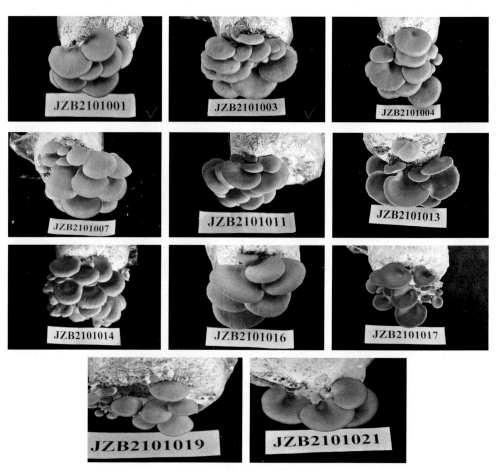

深色主栽平菇品种展示

（1）JZB2101001 这个品种称作平菇99，前几年栽培量非常大，颜色较深，产量较高，转潮快，但是易感染黄斑病，秋冬和冬春季节交替时，如果浇完水不及时通风，黄斑病就会暴发。

（2）JZB2101003品种又称灰美2号，是一种中温型品种，目前在全国用量是最大的一个品种，占到70%左右，目前市场上的名称非常多。这个品种可以在北京的春秋进行种植，产量也高，质地比平菇99较硬。

（3）JZB2101021品种又称平菇89或西德89，这是质地最硬的一个品种，也是最抗黄斑病的一个品种，其颜色、硬度、产量都非常好。

以上介绍的颜色较深的品种为中温型或中低温型品种，下面介绍颜色较浅的几个品种，即中温型、中高温型。

虽然很多品种市场上并不常见，但是我们都做了相关评价，应用较多的是打对号的JZB2101006和JZB2101010 2个品种。JZB2101010品种国内最早在20世纪90年代种植，也称作澳白平菇，是中高温型品种，目前市场上有50多个菌种名称。

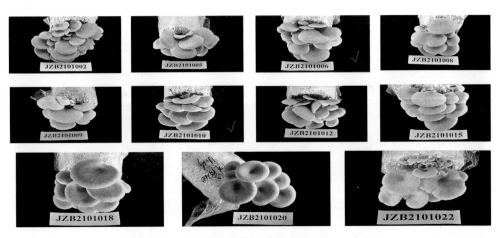

浅色平菇品种展示

JZB2101021、JZB2101004、JZB2101003品种均为抗黄斑病的品种，其中，JZB2101003为中抗品种，JZB2101021为高抗品种。此外，有的品种如果湿度大、通风跟不上则非常容易感染黄斑病。

抗黄斑病平菇种质资源展示

易感黄斑病平菇品种展示

我们在大棚进行了不同季节的栽培试验，不同季节出菇的颜色、形状情况都是不一样的，所以，要看其在什么季节下出的菇，不能光看到不同颜色、不同形状就认为品种不同。另外如下图中带有标注的第三幅图片和第六幅图片所示，这种出菇情况为生产不规范所致。

同一菌株不同季节出菇特性展示

在平菇优良新品种选育方面，下图展示的是深色平菇品种和浅色平菇品种进行杂交后的新品种，如下图中标记对号的品种其颜色、朵形较好，但是如果进行大规模推广还需要不断地试验。

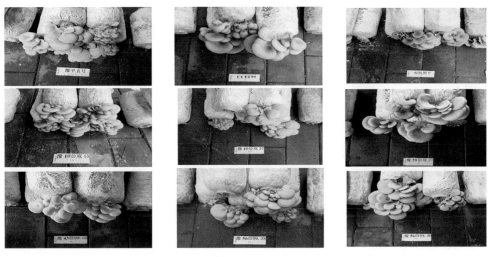

平菇杂交品种展示

（二）食用菌资源采集

目前很多团队会到全国各地采集野生菌资源，那么采集资源的作用是什么呢？主要是用于育种，必须有新的种质资源拿到手才能育出好品种。另外，拿到手的野外新品种可以做驯化选育，丰富人工栽培菇种。

例如，一般木耳为褐色种，但是下图中的毛木耳出现了变异种，毛木耳白化种，这就是目前市场上的玉木耳，其口感、形状较好，销售价格较高。

灵芝	毛木耳	毛木耳白化变种
Ganoderma lucidum	*Auricularia cornea*	*Auricularia cornea*

泡囊侧耳（鲍鱼菇）	黄伞	金针菇
Pleurotus cystidiosus	*Pholiota adiposa*	*Flammulina velutiper*

食用菌资源采集

1. 黄伞

以下是北京市农林科学院食用菌团队通过野外驯化选育技术获得的 3 个黄伞新品种，都通过了北京市农作物品种鉴定，在基地种植非常受欢迎。目前市场上销售的黄伞商品名又称虎皮松茸。

黄伞 HS5

黄伞 HS7

尖鳞环绣伞 HS4

3 个鳞伞属食用菌新品种获得北京市农作物品种鉴定

2. 奥德京 1 号

下图为北京市农林科学院食用菌团队从小奥德蘑属中驯化选育的新品种，这

热带小奥德蘑新品种—奥德京 1 号

个品种 45~50 天就能出来，生长周期比较短，可以在工厂化生产中进行尝试，目前已经拿到农作物品种鉴定证书。

3. 白灵菇

北京市农林科学院食用菌团队从 2001 年开始从事白灵菇的育种和栽培技术的研发，每年新疆维吾尔自治区农牧民将采集的白灵菇野生资源寄到北京，团队进行组织分离，然后进行栽培和杂交试验，目前杂交形成了一个很好的新品种，品种的产量非常高，也得到了农作物品种鉴定证书。所以，通过育种技术可以提高白灵菇的产量。

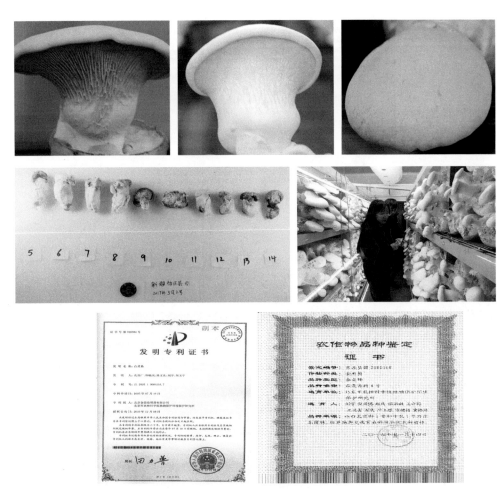

白灵菇新品种展示图片以及专利证书和鉴定证书

4.香菇优良品种筛选应用及新品种选育

香菇种质资源收集评价：经过资源评价后可以发现香菇主要分为两大类，短菌龄和长菌龄品种。短菌龄品种一般在90~100天，所以，一些园区经常用一些短菌龄品种作为主推品种，长菌龄品种一般在120~150天。如果园区想要两种菌龄品种都种的话，可以先接长菌龄品种，后接短菌龄品种，首先要弄清楚其品种是长菌龄还是短菌龄，这样才能时出菇，达到预期效益。如何区分长菌龄和短菌龄品种？从下图可以看出，2个品种的菌盖表面不同，短菌龄品种长得稍大，开伞大一些，菌盖表面扁平；长菌龄菌盖表面倒扣，不会特别扁平。

短菌龄品种

长菌龄品种

香菇杂交品种选育：下图为短菌龄和长菌龄品种的杂交流程，一般科研院校具有一定条件可进行这种杂交试验，但是如果大面积推广还需要进一步的试验，至少还需要几年的时间。一般好的品种选育需要8—10年的时间。

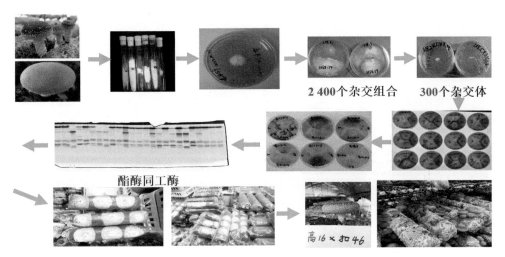

2 400个杂交组合   300个杂交体

酯酶同工酶

高16×和46

香菇杂交品种选育流程

四、食用菌栽培技术

（一）食用菌栽培技术总体现状

（1）食用菌栽培技术发展迅速。

（2）实现人工栽培的菇种不断增加。

（3）多样化栽培模式不断开发。

（4）专业化、周年化生产程度不断提高

例如，原来的香菇、木耳大多采用段木栽培，现在则变为代料栽培，方式也从原来的单层栽培变为立体栽培。虽然香菇地栽模式具有温度低的好处，出菇形状等较好，但是怕重茬，如果不更换场地，之后的几年产量会很低。目前采用的香菇立体层架栽培，用上保水膜，出菇的含水量就会较低。立体层架栽培的菇类品质较好，价格更高，效益更好。

地栽模式和立体层架栽培情况展示

（二）平菇夏季栽培模式

北京市地区夏季温度较高，这就面临如何降温保证菌丝不死亡，下图展示的是大兴基地做的试验，菌棒码放 2~3 层，全部用 PVC 管隔开，保证每个菌棒不会挨在一起，这样菌棒就不会发热，菌棒可出 5~6 潮菇，这样经济效益也就出来了。

菌棒码放 2~3 层方式

下图中展示的也是大兴的某个基地，其码棒方式冬天和夏天都为 5~6 层，中间也没有间隔，图中的菌棒用手触碰可发现菌棒已经变软，里面的菌丝已经死亡，不当的处理方式造成了减产绝收，为农户带来了损失。冬季和夏季的环境条件不同，栽培模式也需要相应变化，不能一成不变。

菌棒码放 5~6 层方式

（三）林地食用菌栽培技术及示范基地

从 2000 年左右开始，由于一些郊区县开始退耕还林，为了使得林地产生经济效益，针对林下经济如何发展，北京市农林科学院食用菌团队筛选出林地食用菌优良品种，并研发出林地食用菌高产栽培技术。刚开始试验了小拱棚，但是由于人工采摘不方便，打开菇棚采摘会影响湿度，后来经过改进，形成了高棚，一般为 2.5~3m，工人可以进入，操作更加方便，林地高棚食用菌栽培方法主要在通州、房山等地及周边地区进行示范推广，此项技术获国家发明专利授权和北京市农业技术推广二等奖。

林地高棚食用菌栽培示范基地以及专利证书和荣誉证书

通过邀请知名厨师到房山蒲洼东村林下食用菌基地，利用当地所产的食用菌食材制作出了蘑菇宴，口感很好，有力促进一、二、三产业有机融合。目前东村发展集观光休闲采摘餐饮于一体的食用菌产业，年均接待游客达到 2.5 万人次，实现了经济、社会及生态效益共赢，并得到了北京市委领导高度评价，获得过

房山蒲洼东村林下食用菌基地种植食用菌并制作蘑菇宴

"中国美丽休闲乡村""北京最美的乡村"等荣誉称号。

（四）食用菌新型基质配方

目前我国香菇、木耳等食用菌产业发展很快，原材料从何而来？新型基质替代配方需要研发，在食用菌产业平台的大力支持下，北京市农林科学院食用菌团队研发出了利用豆秸、棉渣等新型基质栽培食用菌的配方，效果较好，在制作菌棒的时候最好不要只用单一原料，而是将豆秸、棉渣等以合适的比例进行混合配置。

食用菌新型基质制作的菌棒

（五）食用菌害虫及综合防控技术

5 月以后北京气温升高，容易引发双翅目的虫害，对蘑菇为害较大，影响了产量和品质。下图为北京市大兴一个种植户种植的蘑菇，换了配方后出现了虫子，通过对样本进行鉴定后，确定是为害蘑菇的星狄夜蛾。一般情况下只有确定了是什么虫害，才能对症下药。

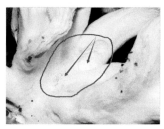

星狄夜蛾

针对双翅目害虫为害，北京市农林科学院植物保护环境保护研究所食用菌团队于 2010 年联合有关单位共同研发出"两网、一板、一灯、一缓冲"食用菌栽培模式：采用 60 目的防虫网代替棚膜覆盖整个大棚，两层遮阳网代替草帘覆盖在防虫网上，棚内悬挂黄板和杀虫灯，门口设置暗缓冲间，门窗均安装 60 目的防虫网。

下图是在门头沟地区进行的试验，第一幅图中展示了棚上只覆了高密度遮阴网和防虫网，没有棚膜，高密度遮阴网在下雨天保持棚内不会滴水，棚内水分呈雾状，平时棚内温度不高，夏天不用任何杀虫剂，费用不高还能防虫，当年产量和效益都非常好，当然防虫网等材料在选用的时候要注意规格质量。目前这种食用菌栽培模式在北京市房山、通州和外省市进行了大面积示范推广。

高密度遮阴网和防虫网　　　　　　　暗缓冲间

悬挂黄板和杀虫灯　　　　　　　　　　　　示范推广现场

（六）食用菌加工产品

目前市场上的食用菌产品常见的是蘑菇酱，其他产品较少，目前北京市农林科学院食用菌团队研发了即食食品、果冻、深加工产品木耳多糖口服液等。

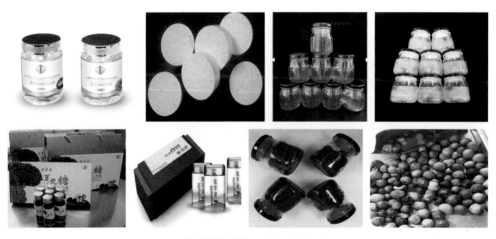

食用菌相关加工产品展示

五、食用菌产业发展建议

（1）合理规划产业布局，加强产学研技术，合作交流。

（2）鼓励金融资本介入，培育龙头企业。

（3）围绕绿色循环，提高产业效率。

205

（4）完善市场流通体系，保障产品均衡供应。

（5）组建强有力核心团队。

技术团队：科技支撑。

管理团队：提高效率。

营销及策划团队：品牌建设。

六、问题解答

（一）黑皮鸡枞营养价值怎么样？能大面积发展吗？北京市有基地吗？

黑皮鸡枞是这种食用菌的商品名称，属于奥德蘑属的一种，在国内种植发展了很多年。这个品种属于高温品种，适合夏季种植，冬季种植成本较高，需要加温，如果实现工厂化栽培，能够控制温度一年四季可以种植。其种植发展还需要考察投入产出比，如果产出可以达到预期收益则可以发展。在北京市种植可以结合观光园区发展休闲采摘模式。

（二）木材加工厂的木屑能用来栽培平菇吗，怎么配基质？

目前木材加工厂的木屑很多为杂木屑，既混合了阔叶型的木屑也有针叶型的木屑，其中，针叶型的木屑对蘑菇菌丝生长具有一定的抑制作用，发酵后的木屑可以用来做栽培原料，但是需要进行一定的处理，如果不进行处理，可能使得产量不会很高。

（三）香菇如何栽培才能形成花菇？

花菇是香菇的一个品种，把昼夜温差拉大，把湿度降下来后，就会自然开裂。

（四）林下适合种什么食用菌？

林下比较适合种植的品种主要为香菇和木耳，林下的小气候比较适合这2个品种。北京市地区的观光采摘园区也可以选择一些珍稀的品种，如黄伞、榆黄菇、灰树花、奥德蘑、猴头等品种。

其他类专题

草地贪夜蛾的入侵、预测与防治

‖专家介绍‖

王甦，博士，北京市农林科学院植物保护环境保护研究所副研究员，主要从事天敌昆虫控害为主的害虫生物防治应用研究。在天敌昆虫种质资源的开发与评价、天敌昆虫饲养释放及管理技术、天敌昆虫应用的安全性评价及生态管理3个方面开展了系统而又深入的科研工作。现任应用昆虫  研究室主任，中国昆虫学会生物防治专业委员会副主任，北京昆虫学会监事。先后主持国家、省部级等科研项目3项，作为骨干参加项目10余项，发表研究论文80余篇，并获得发明授权专利12项。近年来获得北京市科技进步二等奖、浙江省科技进步一等奖、中国植物保护学会科学技术一等奖各1项，中国农业科学院科学技术成果杰出奖。

课程视频二维码

近期，新冠肺炎席卷全球，使人们对病毒对人类的影响有了新的认识。从事农业生产的人们肯定还关注了另一种生物因子，害虫对人类生活造成的新影响。

草地贪夜蛾

沙漠蝗虫是典型的迁徙性入侵害虫。近几个月来，多国遭受蝗灾。据联合国粮农组织发布的报告，这次蝗灾席卷了从西非到东非、从西亚至南亚的20多个国家，已经入侵到印度和巴基斯坦地区，引起我国林草部门的高度重视。在过去的一年中，远比沙漠蝗虫对我们影响更大的害虫就是2019年刷屏的幺蛾子——草地贪夜蛾。

2018年7月，全球性的重大农业害虫草地贪夜蛾首次传入亚洲地区。2018年以来，草地贪夜蛾在亚洲逐年向北、向南扩展，发生程度越来越重。通过梳理草地贪夜蛾在中国治理的故事发现，早在2018年12月初，中国农业农村部已了解草地贪夜蛾在其他国家的为害，并做好了预警和防控部署。然而，12月中旬在云南省西南角普洱市发现了疑似害虫。2019年1月，确定草地贪夜蛾入侵云南省，在4月快速扩散到云南省绝大部分地区，到5月中旬已扩散到我国西南、华南、华中和华东各省。2019年6月，李克强总理亲自组织会议研讨草地贪夜蛾防治，并且中央财政紧急安排农业生产救灾资金5亿元，支持地方组织开展草地贪夜蛾防控。至2019年10月，草地贪夜蛾已扩展到我国26个省市。进入2020年，草地贪夜蛾已在我国安家，在抗击疫情的关键时刻，2020年2月，农业农村部发布了草地贪夜蛾新一年的防控预案。截至2020年3月1日，在百度上搜索草地贪夜蛾，结果超过440万条。草地贪夜蛾已经成为了影响我国农业生产生活的大事，防控形势非常严峻。

一、全球害虫生物入侵威胁与"幺蛾子"

众所周知，农业是我国的第一产业，我国农业产能非常大，在过去6年间，每年生产的粮食年均产量超过5亿t，蔬菜和水果产量居世界第一。虽然我国有这么大的农业产能，但依旧无法满足我国16亿人的需求，农业生产直接关乎国家安全，而且受到诸多有害生物的威胁。

（一）我国面临着极大的农业有害生物为害

由于我国农业产能巨大，每年由虫害造成的损失高达 3 000 亿美元，每年用于害虫防治的投入超过 75 亿美元。主要害虫超过 100 种，造成 8.8% 粮食、27% 棉花、30% 的水果损失。中国是世界上受病虫害侵害最多的国家之一，也是化学农药使用较高的国家之一。

（二）我们遇到了越来越多的"生面孔"

全球化背景下国际农产品贸易提速，严重增加了入侵性害虫异地为害的风险。近年来，我们遇到了越来越多的入侵有害生物：如福寿螺、豚草、白纹伊蚊、烟粉虱、西花蓟马、番茄麦蛾等。

世界对入侵生物的管理越来越重视，世界自然保护联盟下边的物种专业委员会专门成立了入侵生物数据库（http://www.issg.org）。在网站上，不断替换 100 种世界上最严重的入侵生物，意味着新发的入侵生物越来越多。中国农业科学院植物保护研究所和国内研究生物入侵的专家逐步完善了我国生物安全预警系统（网址 http://www.iplant.cn/ias/）。在草地贪夜蛾入侵初期，通过中国外来入侵物种信息系统已经开始进行追踪。

二、什么是草地贪夜蛾

（一）草地贪夜蛾的分类地位

草地贪夜蛾［*Spodoptera frugiperda*（J. E. Smith）］，隶属鳞翅目（Lepidoptera）夜蛾科（Noctuidae），俗称秋黏虫，英文名称为 Fall armyworm。2016 年开始，秋黏虫席卷非洲扩散至南亚造成 20%~50% 玉米收成损失。仅在非洲就有尼日利亚、加纳、肯尼亚、贝宁、圣汤姆、多哥等 28 国为害。

草地贪夜蛾特点有适生性广、迁飞扩散能力强、繁殖力高、暴食为害重、抗药性强。以上每一点都会对农业生产产生巨大影响。联合国粮农组织（FAO）对草地贪夜蛾作出了全球预

草地贪夜蛾雌性成虫（♀）　草地贪夜蛾雄性成虫（♂）

草地贪夜蛾成虫

（照片提供：张润志研究员　中国科学院动物研究所）

警，被列为世界十大害虫之一。下图展示的是草地贪夜蛾成虫，左边是雌虫，右边为雄虫，有明显的两性异形。

（二）草地贪夜蛾生物学特性

草地贪夜蛾是全变态昆虫，分为卵、幼虫、蛹和成虫4个虫态；幼虫有6龄，其中，6龄幼虫为害最重。在夏季温暖条件下，卵期、幼虫期、蛹期和成虫期分别为2~3天、13~14天、7~8天、10天左右；雌成虫寿命一般7~21天，在这期间可以多次交配产卵，单头雌虫平均一生可产卵1 500粒，最高可达2 000粒。草地贪夜蛾没有滞育现象，它们会迁飞到气候温度适宜的地区周年繁殖。我国南部是草地贪夜蛾生存气候适宜的地区，现已证实，在我国云南、广西、广东、海南等省（区）可周年繁殖为害，推测在我国广东、广西、台湾以及福建和云南的南部年发生6~8代，海南9~10代。草地贪夜蛾食性杂，其寄主植物最多的记载是76科353种，主要为禾本科（106种）、菊科（31种）和豆科（31种），对我国主要粮食作物玉米和水稻为害很大。

1. 卵

草地贪夜蛾的卵呈圆顶状半球形，簇生，一般1个卵块有88~320粒卵，平均单块卵粒数155粒；卵粒直径约为0.4 mm，高约为0.3 mm；底部扁平，卵粒表面具放射状花纹，并有一定光泽。一张叶片上通常有一个卵块，也有重叠卵块，卵块表面覆盖着一层来自成虫腹部的毛和鳞片。

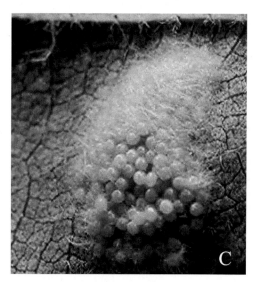

草地贪夜蛾卵
（孔德英等，植物检疫，2019；赵胜园等，
中国植保导刊，2019）

2. 幼虫

幼虫通常有6个龄期。对于龄期1~6龄，其头部囊的宽度分别为约0.35 mm、0.45 mm、0.75 mm、1.3 mm、2.0 mm和2.6 mm。在这些龄期，幼虫分别达到约1.7 mm、3.5 mm、6.4 mm、10.0 mm、17.2 mm和34.2 mm的长度。幼虫呈绿色，头部呈黑色，头部在第2龄期转为橙色。在第2龄，特别是第3龄期，身体的背面变成褐色，并且

开始形成侧白线。在第 4 龄至第 6 龄期，头部为红棕色，斑驳为白色，褐色的身体具有白色的背侧和侧面线。身体背部出现高位斑点，它们通常是深色的，并且有刺。4 龄幼虫体长 12~20mm，体色绿色或褐色。头壳黑色或褐色，宽约 1.2mm，头壳两侧网状纹和"Y"纹明显，呈白色。5 龄幼虫体长 20~35mm，体色褐色或黑色。头壳褐色或黑色，宽约 2.0mm，白色

草地贪夜蛾幼虫
（照片提供：张润志研究员　中国科学院动物研究所）

"Y"纹明显，头壳网状纹向头顶延伸至蜕裂线。6 龄幼虫体长 35~45mm，体色多为褐色。头壳褐色至黑色，网状纹明显，宽约 2.8 毫米，"Y"纹明显。背线、亚背线和气门线淡黄色。除了秋季幼虫的典型褐色形态外，幼虫可能大部分是背部绿色。在绿色形式中，背部高点是苍白而不是黑暗。幼虫倾向于在一天中最亮的时候隐藏自己。幼虫期的持续时间在夏季期间为约 14 天，在凉爽天气期间为30 天。

3. 蛹

老熟幼虫于土壤深处化蛹，深度为 2~8cm，其中，深度会受土壤质地、温度与湿度影响，蛹期为 7~37 天，亦受温度影响。幼虫通过将土壤颗粒与茧丝结合在一起，构造出松散的茧，形状为椭圆形或卵形，长度为 1.4~1.8cm，宽约 4.5cm，外层为长 2~3cm 的茧所包覆。如果土壤太硬，幼虫可能会将叶片和其他物质粘在一起，形成土壤表面的茧。蛹的颜色为红棕色，有光

草地贪夜蛾蛹
（照片提供：张润志研究员　中国科学院动物研究所）

泽，长度为 14~18mm，宽度约为 4.5mm。蛹期的持续时间在夏季为 8~9 天，但在佛罗里达州的冬季可达到 20~30 天。但草地贪夜蛾蛹期无法承受长时间的寒冷天气。

4.成虫

翅展32~40mm，前翅深棕色，后翅白色，边缘有窄褐色带。雄虫前翅通常呈灰色和棕色阴影，翅顶角向内各具一大白斑，环状纹后侧各具一浅色带自翅外缘至中室，肾形纹内侧各具一白色楔形纹。雌虫的前翅没有明显的标记，从均匀的灰褐色到灰色和棕色的细微斑点；前翅呈灰褐色或灰色棕色杂色，具环形纹和肾形纹，轮廓线黄褐色。

草地贪夜蛾雄性成虫（♂）　　　　草地贪夜蛾雌性成虫（♀）
（照片提供：张润志研究员　中国科学院动物　（照片提供：张润志研究员　中国科学院动物
　　　　　研究所）　　　　　　　　　　　　　研究所）

（三）草地贪夜蛾的扩散与入侵：从何而来+到何处去

草地贪夜蛾起源于西半球（南美洲、北美洲和中美洲）的热带和亚热带地区，从加拿大南部到阿根廷均有分布；可在美国南部佛罗里达和德克萨斯州越冬，每年从南部向北部迁飞，直至美国中部、东部和加拿大。从下表可以看出，2016年，草地贪夜蛾入侵非洲，如今已遍布非洲46个国家和地区。之后穿过中亚，通过也门等地区，到达伊朗，巴基斯坦和印度，仅在2018年就在印度8个邦88个区发生危害。而后从印度继续向东扩展，到达孟加拉、斯里兰卡，更重要的是，草地贪夜蛾到达中国邻近的缅甸，发生面积超过120万亩，之后在缅甸北扩，就到达了我国云南、广东和广西等省区。全国农业技术推广服务中心等证实我国云南省江城县于 2018 年 12 月 26 日发现草地贪夜蛾幼虫，推测缅甸草地贪夜蛾首次迁入我国境内为 12 月中旬。通过轨迹模拟，并结合 3-4 月平均风温场分析，表明在 3-4 月从缅甸起飞的草地贪夜蛾主要依靠自身飞行能力通过连续多个夜晚进入我国云南省西南部。包括西双版纳傣族自治州、普洱市、临沧市、红河哈尼彝族自治州以及玉溪市。

表　草地贪夜蛾的入侵及为害

地区 / 国家	时间	具体发生区域	危害
非洲	2016.1	西非尼日利亚等地	2018 年在非洲造成高达 30 亿美元的经济损失
	2017.1	非洲多个国家开始蔓延	
	2018.1	撒哈拉以南的 44 个国家	
	2019.1.11	非洲 46 个国家或地区	
印度	2018.7.28	卡纳塔卡邦	在 88 个邦 88 个区发生 发生面积达 4 566 210 亩
	2018.8.8	安得拉邦	
	2018.8.8	特伦甘纳邦	
	2018.8.28	奥里萨邦	
	2018.9.11	泰米尔纳德邦	
	2018.11.2	古吉拉特邦	
	2018.11.12	马哈拉施特拉邦	
	2018.11.1	西孟加拉邦	
	2019.1.18	伊蒂斯加尔邦	
	2019.2.12	安达曼和尼科巴群岛	
孟加拉	2018.11	全境	为害 12 省
斯里兰卡	2019.3	全境	发生面积超总玉米种植面积的 52%

（四）"幺蛾子"暴发的成因

（1）我国有适宜草地贪夜蛾周年繁殖区（云南、广东、广西和海南等省区），为草地贪夜蛾来年在向长江及淮河流域的发生提供了大量虫源。

（2）草地贪夜蛾在我国的高度适生区与稻谷种植地区高度重合，我国还是世界第二大玉米种植国家，主要玉米产区也多在其适生范围内，这都为草地贪夜蛾的种群繁殖为害提供了理想栖息地。

（3）我国玉米等作物的种植布局随季节和纬度变化从南至北依次推移，时间和空间上互补的食物资源，促使了草地贪夜蛾种群区域性迁移为害，防治更为困难。

（4）我国处于东亚季风区内，冬季盛行东北气流，夏季盛行西南气流，这也就形成了草地贪夜蛾在我国北扩东进的迁飞格局。

（5）泰国、越南、老挝和缅甸等境外虫源的持续输入。

（五）草地贪夜蛾的危害

1. 飞行能力超强

草地贪夜蛾的飞行能力超强，能够进行 24 小时连续吊飞，草地贪夜蛾个体飞行时间最长可达 20.56 小时，飞行距离最远可达 62.98km。在美国只能在气候温和的佛罗里达州和得克萨斯州南部越冬存活，每年春季越冬代成虫可向北飞行大约 480km 产卵为害，下一代羽化出的成虫继续北迁。成虫可在几百米的高空中借助风力进行远距离定向迁飞，每晚可飞行 100km。成虫通常在产卵前可迁飞 500km；如果风向风速适宜，迁飞距离会更长，成虫在 30 小时内可从美国密西西比州迁飞到加拿大南部，长达 1 600km 距离。2019 年 1—6 月，草地贪夜蛾在我国云南省入侵状况，仅半年时间，草地贪夜蛾已经从云南省南部蔓延全省。通过监测数据估算，我国受到草地贪夜蛾威胁的玉米面积达 0.13 亿 hm²，重点发生危害区域 333.33 万 hm²。

2. 玉米生产的大敌

重大迁飞性害虫草地贪夜蛾尤其喜食玉米，玉米苗期受害一般可减产 10%~25%，严重为害田块可造成毁种绝收。草地贪夜蛾为害后，玉米叶片呈半透明薄膜状"窗孔"（图 a），或叶片呈大小不等的孔洞（图 b），剥开玉米生长点卷曲心叶或雄穗苞中，可见大量害虫粪便和藏身在其中的幼虫，心叶被咬食呈破烂状（图 c），未展开呈圆筒状叶片上有蛀孔（图 d）；未抽出的雄穗苞中的

玉米为害症状

小穗也可被高龄幼虫啃食（图 e）。低龄幼虫取食叶肉、剩下叶表皮，由于其食量小，叶片未被咬透，因而形成"窗孔"状。幼虫给植物产量造成的损失可达 10%~100%，当植株高度为 40~60 cm 时产量损失尤大。

巴西玉米因草地贪夜蛾为害的产量损失在 19%~100%。2017 年估算草地贪夜蛾对非洲 12 个国家玉米产量造成的潜在损失在 830~2 060 万 t，潜在经济损失达到 24.81~61.87 亿美元。非洲玉米因草地贪夜蛾毁种面积占总播种面积的 5%~6%。2017 年造成埃塞俄比亚玉米减产 29.1%，坦桑尼亚减产 29.2%，乌干达减产 28%，加纳减产 26.6%，赞比亚减产 35%。在非洲，2018 年总计造成经济损失高达 10 亿 ~30 亿美元。在亚洲，2018 年，印度 762 万 hm^2 的玉米中有 3.9% 的面积受到草地贪夜蛾的为害，受害田玉米减产 1.2%~9%；个别为害严重的田块减产高达 51%。泰国预测 2019 年因草地贪夜蛾入侵为害，玉米减产 25%~40%，产量损失 462 万 t，经济损失达到 1.3 亿 ~1.6 亿美元。

三、草地贪夜蛾的监测与防控

（一）草地贪夜蛾监测预警

1. 雷达监测迁飞行为

对于迁飞性害虫的监测主要用雷达。"二战"后，如洛桑试验站通过雷达对害虫进行监测。1990 年和 1991 年，Pair、Wolf 等第一次利用生态、气象和雷达数据证明了得克萨斯州和墨西哥东北部里奥格兰德河下游的 20 多万 hm^2 玉米地是科珀斯克里斯蒂和德克萨斯州高原上草地贪夜蛾种群的主要来源地。2008 年，Westbrook 用 X 波雷达和气象资料研究了草地贪夜蛾在美国的种群动态和迁飞规律，发现草地贪夜蛾迁飞的特征模式与温度和风速的垂直分布非常相关，草地贪夜蛾集体迁飞模式主要与风向相关，但存在显著的角度偏差，同时，还可以利用 X 波段雷达的离散蛾量数据和多普勒雷达的反射率数据估算大气层中草地贪夜蛾的种群分布。中国农业科学院吴孔明院士带领的团队已建立了多种害虫监测的雷达系统。

2. 利用性信息素监测

根据草地贪夜蛾性信息素成分分析，鉴定出的草地贪夜蛾性信息素成分为十二烷 –1– 醇乙酸酯、（Z）–7– 十二烯 –1– 醇 乙酸酯（Z7-12：Ac）、11– 十二烯 –1– 醇乙酸酯、（Z）–9– 十四烯醛、Z9–14：Ac、（Z）–11– 十六烷醛和（Z）–

11-十六烷基-1-醇乙酸酯。目前已成功开发出了一系列草地贪夜蛾性诱剂产品和诱捕器,田间诱蛾试验表明,Z7-12:Ac 和 Z9-14:Ac 具有高效诱蛾活性的重要有效组分。

3.灯光监测

对于草地贪夜蛾迁飞的监测,也可以应用高空测报灯。高空测报灯为1 000W 金属卤化物灯,由探照灯、镇流器、时间和感光控制器、接虫和杀虫装置等部件组成,具有控温杀虫、烘干、雨天不断电、按时段自动开关灯等一体化功能,诱到活虫后处理灭杀,且翅体鳞片完整,翅征易于辨别。灯具可设在楼顶、高台等相对开阔处,或安装在病虫观测场内,要求其周边无高大建筑物遮挡和强光源干扰。在观测期内逐日记载诱集的雌、雄虫数量。

4.田间调查方法

常规的田间调查是必不可少的,应在灯诱或性诱捕获一定数量的成虫(始盛期),雌蛾卵巢发育级别较高时,开始田间查卵,5 天调查 1 次。采用棋盘式 W 形 5 点取样,每点查 10 株,每点间隔距离视田块大小而定;取样点距地边 1m 以上,以避免边际效应;每株查看植株基部叶片正面、背面和叶基部与茎连接处的茎秆上;成虫种群数量较大时,卵也会产在植株的高处或附近其他植被上;明确产卵盛期,并记载有卵株率、平均每株卵块数和平均每块卵粒数,可估算害虫量。幼虫虫量调查自卵始盛期开始,5 天调查 1 次,直至幼虫进入高龄期止。田间受害株呈聚集分布,发现 1 株受害,其周围可见数量不等的受害株。幼虫数量

棋盘式 W 形取样(刘杰等,中国植保导刊,2019)

和虫害情况监测可对害虫发生规律以及对农作物为害产量进行估算，明确虫害的经济影响。

（二）草地贪夜蛾综合防治技术

我国采用绿色综合防治技术防治草地贪夜蛾，是高效低毒化学防治与生物防治技术相结合，具有反应迅速、监测及时、防治高效、危害可控的特点。

1. 化学防治

草地贪夜蛾发生时，全国农技中心印发《2019 年草地贪夜蛾防控技术方案（试行）》，农业农村部印发了《农业农村部办公厅关于做好草地贪夜蛾应急防治用药有关工作的通知》，并推荐了 25 种草地贪夜蛾应急防治用药。单剂有甲氨基阿维菌素苯甲酸盐、茚虫威、四氯虫酰胺、氯虫苯甲酰胺、高效氯氟氰菊酯、氟氯氰菊酯、四氰菊酯、溴氰菊酯、乙酰甲胺磷、虱螨脲、虫螨腈、甘蓝夜蛾核型多角体病毒、苏云金杆菌、金龟子绿僵菌、球孢白僵菌、短稳杆菌、草地贪夜蛾性引诱剂等，复配制剂有虫螨腈、氟铃脲、茚虫威、高效氯氟氰菊酯、虱螨脲、虫酰肼、高效氯氟氰菊酯、氯虫苯甲酰胺和除虫脲。

2. 生物防治

生物防治很重要的一个方法就是利用天敌昆虫进行防治。赤眼蜂主要用来防治鳞翅目害虫，也可用来防治草地贪夜蛾。我国是世界上赤眼蜂工厂化生产及利用规模最大的国家。全国每年可生产赤眼蜂 15 亿头以上，主要防治靶标作物有玉米、棉花、甘蔗、水稻，防治规模达 3 000 万亩次以上。多种捕食性天敌昆虫对草地贪夜蛾防治有很好的效果，中国农业科学院植物保护研究所开发的蠋蝽，在工厂化繁殖的基础上，在南方开展了大量的用蠋蝽防治草地贪夜蛾的实践工作，取得了非常好的效果。北京市农林科学院植物保护环境保护研究所在云南开远田间调查发现，为害地块异色瓢虫和大草蛉种群数量较大，且观察到其对贪夜蛾卵和幼虫的取食，大草蛉和异色瓢虫可能是能够有效控害的天敌种类。

生物防治另一个不可忽视的途径就是生物源农药，研究发现多杀霉素、阿维菌素、苏云金芽孢杆菌和球孢白僵菌可以用于防治田间的草地贪夜蛾。苦参碱、印楝素和鱼藤酮对其幼虫防治效果较差。这些绿色防控技术和措施，为防治草地贪夜蛾提供了有效的武器。

3. 科研助力防治

北京市地区草地贪夜蛾发生量非常小，但是北京市处于华北地区腹地，位于内蒙古、辽宁、吉林、黑龙江等省区玉米重要产区的咽喉部位，草地贪夜蛾如果穿过北京市就会进入北方4省区，因此，对于北京市虫情监测非常重要，北京市政府制定了"区不漏乡、乡不漏村、村不漏田"三道防线布设。未来一年，北京市地区对于草地贪夜蛾的监测仍是植保工作的重中之重。

四、草地贪夜蛾防控带给我们的启示

对于威胁人类健康安全的自然因子，我们需要科学系统的工作，才能实现有的放矢，高效控害。对于草地贪夜蛾的防控，分为基础研究和应用研究2个部分，最后抵御和反击外来虫害对人类的危害。草地贪夜蛾已经在我国扎根，并已经适应了环境，危害性大增。但拿来的经验未必好用。放松一时，损失一年。在未来，我们将会面对更多的"幺蛾子"来访。只有做到主动御敌的胜利，科学的胜利，做到知己知彼，才能百战不殆。

五、问题解答

（一）防止草地贪夜蛾入侵北京，主要注意哪些方面？

对于草地贪夜蛾入侵，注意不要让它建立桥头堡种群，害虫入侵不是成百上千万的直接入侵，是有先头部队，这些先头部队会在一个地方定殖。草地贪夜蛾在一个地方一旦定殖，每天会产生1 500~2 000粒卵，会迅速扩张，因此，首要任务就是监测。一旦发现有害虫之后，就要扩大性区域进行杀虫，即在一个区域发现草地贪夜蛾害虫，要将防治区域扩大到毗邻区域。北京市植检植保部门对于草地贪夜蛾入侵已经制定了很好的政策安排。

（二）温室白粉虱如何防治？

如果是爆发式发生，害虫种群数量特别多，建议先要用一些低毒农药将其杀灭。绿色防控技术的基本原则是低毒农药或植物农药将害虫种群降低，之后释放天敌昆虫。防治温室白粉虱天敌昆虫有很多寄生蜂，如丽蚜小蜂、浆角蚜小蜂、浅黄蚜小蜂、海氏浆角蚜小蜂等，可释放到温室中。天敌昆虫与害虫形成低密度平衡，使害虫对生产造成的损害就微乎其微，达到防治的目标。

（三）春季蚜虫特别多，用什么方法防治经济安全？

从经济角度讲，如果种群数量特别大，建议用安全低毒或植物源的农药将其杀灭，之后再利用天敌昆虫的方式，使蚜虫在低种群维持平衡。对于蚜虫防治非

常好的天敌昆虫大多是捕食性天敌，如瓢虫、草蛉等。另外，还有蚜茧蜂，如烟蚜茧蜂、麦蚜茧蜂等，防治蚜虫效果非常好。

（四）草地贪夜蛾未来会在东北大发生吗?

生物体最大的特点就是适应，现在专业推测草地贪夜蛾的适生区最北处为北京市，还没有往北扩散。按照现有的环境预测暂时不会再往北扩散，但是不能否定草地贪夜蛾在逐步适应我国环境后适应性再逐步变强，所以，不排除草地贪夜蛾未来会在东北大发生的可能性。很多国内东北的专家都在关注这个问题，未来我国重点关注草地贪夜蛾的监测以及加大其遗传变异方面的研究投入。

（五）二斑叶螨与茶黄螨如何辨别?

对害虫的辨别最好的方法就是查找图鉴进行对比，二斑叶螨最大的特点是腹部腹节有 2 个很明显的斑，像 2 个小芝麻贴在上面，所以，称为二斑叶螨。茶黄螨没有这个特征。辨别的方法，可对照图鉴，与近似种对比，即可很明显发现它的特点及分类学特征，是很容易分辨的。

京郊春耕生产蔬菜机械化技术装备及应用

‖专家介绍‖

李治国，北京市农业机械试验鉴定推广站，蔬菜机械化科科长、高级工程师。主要从事蔬菜机械化技术装备的试验示范和推广应用工作。2003年参加工作以来，先后获得北京市农业技术推广奖6项，发表专业论文28篇，获得专利6项，制定行业标准2项，参与编著专业书籍4本，参与撰写行业规划及调研报告12篇，入选全国农业主推技术1项。主持或参与完成蔬菜农机化技术装备项目20余项，形成了系统的蔬菜生产全程机械化技术集成应用理论和实践经验。

课程视频二维码

一、生产类型

京郊蔬菜生产的形式主要包括露地、日光温室、塑料大棚 3 种，番茄、黄瓜、茄子、辣椒等果类菜，白菜、生菜、甘蓝、油菜等叶类菜基本上周年都有种植。因生产形式不同、种植蔬菜品种不同，应用的农机装备会有一些区别，大体上在春耕生产期间，主要是土地整理、肥料撒施、播种移栽等环节的作业可以借助农业机械来完成。通过农机装备的应用，一方面能提高作业效率和作业质量；另一个方面能降低劳动强度、减少劳动用工，缓解用工难、用工贵等问题。目前，用到的农机具主要包括旋耕机、深松机、起垄机、撒肥机、播种机、移栽机、收获机等。

二、技术装备

通过对一些生产环节常用的农机装备的功能特点、性能指标和操作事项的介绍，帮助用户正确选购需要的农机产品，并且在实际生产作业中能用、会用、用得好，达到应用农业机械的初衷和目的。

下面按照日光温室、塑料大棚的设施蔬菜生产和露地蔬菜生产 2 种类型来介绍，每一种生产类型按照春耕生产中的作业环节，配套相应的农机技术装备，其中涉及通用类和特殊类。

（一）设施蔬菜

种植蔬菜首先要考虑的是对土壤的整理，包括地块的旋耕或者深耕、平整等，使土壤条件尽量符合蔬菜生产需求的细碎、平整、松软，为蔬菜生长发育提供良好的条件。因旋耕、平整的技术装备目前普及率很高，可以说已经基本实现机械化作业，大家也比较熟悉，这里不再进行介绍。本节将重点对设施深耕机械化技术及装备进行介绍，使大家对更先进的技术有一个深入的了解，为后续技术应用做好储备。

1. 设施深耕机械化技术

为什么要为大家介绍深耕技术呢？设施内常年使用微耕机等小动力机械进行旋耕作业，一般耕深不超过 10cm，长期会形成犁底板结层，会影响土壤肥力、不利于蔬菜作物生长等。目前在设施内用到的深耕机械化技术主要有 2 种形式，一种是自带动力的深耕机；另一种是大棚王拖拉机带旋耕机作业，作业效果可以满足农艺生产需要。

（1）自带动力深耕机。

①技术内容：利用马力较大的田园管理机，1遍或者2遍作业，使耕深能达到15~20cm，达到增加肥力、改善土壤板结、增强贮水能力和便于深根系蔬菜生长的目的，特别适宜果类蔬菜温室内耕整地作业。目前这种农机装备技术上较为成熟，市面上可供选择的机型很多，而且绝大部分都是购机补贴归档产品，购买可以享受补贴，选择的时候需要注意性价比，不一定一味地选择价格最低的，而是要选择价格适中、质量可靠的产品。

田园管理机

②技术要求：耕作深度　土壤湿度合适，可以耕1遍，耕深平均在15~20cm；土壤过于干燥，可以耕2遍，第二遍耕深达到15~20cm。

生产率　一栋标准温室作业时间在50~60分钟，一天可作业8~10个温室（4~5亩），生产率0.5亩/小时。

③注意事项：作业前检查机器时，必须在发动机完全停止的状态下检查；作业刀具的各部螺丝、螺帽必须确实锁紧；清除刀具或排除故障时发动机要熄火。

（2）大棚王拖拉机带旋耕机。

①技术内容：选用35马力或者40马力左右的四驱大棚王拖拉机配套作业幅宽1.4m的旋耕机进行作业，作业深度可达20~25cm，比传统微耕机的耕深增加5~15cm，作业效率是传统微耕机的10倍。可以实现土壤深耕，打破传统作

业留下的犁底层，为秧苗移栽提供良好的土壤结构，起到增产增收的作用。应用这种技术有个前提条件，要求日光温室必须是新建的适合机械化进出作业的温室，或者是老旧日光温室、塑料大棚经过"宜机化"改造，中型拖拉机带作业机械可以进出作业。目前京郊新建的高标准日光温室一般都没有问题，而老旧的日光温室、塑料大棚一般不适合这种形式作业，一般机具进不了棚室内，或者勉强进去了，也会因为钢骨架的弯角处高度低于1.5m或者1.2m，使靠钢架端的一部分土地无法作业，影响整体作业效果。大棚王拖拉机、普通旋耕机目前都可以享受补贴，大家正常选择就可以。温室农机作业通道和钢骨架弯角的改造以及塑料大棚两端门框改造成可拆卸式，都是利于农机进出作业的，可提高作业效率和作业质量。

大棚王拖拉机带旋耕机

② 技术要求：耕深平均在15~20cm。

③ 注意事项：驾驶机具进出棚室作业时要特别注意安全；机具起步前不能将旋刀入土或猛放入土；作业速度应根据土壤条件合理选定，避免中途停机和变速行驶；设施内作业时，应做好通风。

2. 设施撒肥机械化技术

（1）技术内容。利用撒肥机在日光温室、塑料大棚内进行有机肥或者复合肥撒施作业，使固体肥料均匀快速地铺撒到地表，增加土壤肥力，为蔬菜生长提供充足营养。撒肥机目前可供选择的类型不是很多，国产的性能基本可以满足生产需要，但是像行走稳定性、换向转向等都需要技术升级；这几年我们示范了一种日本进口的撒施机，载肥量650kg，可以实现自动取肥、自动行走撒肥，而且有机肥撒施均匀、快速，一般一个工人就能操作，一个标准棚室半个小时就能撒好，效率很高。

撒肥机

（2）技术要求。

①按照农艺要求确定撒肥量，一般叶类菜有机肥 $1\sim2m^3$/亩，果类菜有机肥 $2\sim4m^3$/亩；

②撒肥机应具备稳定的作业行走速度，且操作灵活可靠，掉头及时准确；

③根据温室、大棚跨度设定好撒肥幅宽，撒肥均匀一致。

（3）注意事项。

①棚室内作业时应注意机手和机具安全，避免造成不必要的财物损失；

②撒施作业时要匀速行驶，确保撒肥均匀一致；

③根据单栋温室或大棚撒肥量计算好需要作业几趟，确保在地头添加肥料，避免在棚室中间部位出现缺肥情况。

3. 设施起垄机械化技术

（1）技术内容。利用起垄机按照农艺要求作业而形成的具有一定宽度和高度的土垄，为蔬菜生长提供基本单元，也为后续生产管理提供便利条件。目前起垄机械或者起垄铺膜一体机技术比较成熟，一般应选择带有主动刮平整型功能的起垄机，起垄的质量较好，作业后基本不用人工修整。我们在园区示范的一款常州产的起垄机，起垄幅宽 $60\sim70cm$ 可调，适应性比较好，用354大棚王拖拉机就可以带动，起垄的效果很好。

起垄机

（2）技术要求。

① 起垄作业的垄宽应根据种植蔬菜品种农艺要求或者根据后期收获机作业幅宽确定，目前一般种植叶类菜多采用 0.6~1.2m 幅宽的起垄机；

② 棚室内起垄作业时，为有效发挥机械作业的效率和质量优势，宜采用东西向长垄方向作业；

③ 作业前要设计好起垄数量，并合理安排好机具开始和结束时的行走路线，便于农机具从同一进出通道通行。

（3）注意事项。

① 作业前要试作业 2~3m，确保机具调试符合起垄要求后再进行生产作业；

② 作业时要求行走速度均匀，每条垄都要一气呵成，并确保走直，接垄准确；

③ 每栋棚室机具起垄完毕后，要对每垄的地头进行人工补齐，减少土地浪费。

4. 设施移栽机械化技术

（1）技术内容。利用移栽机具，将穴盘苗高效栽植到土壤里，可大幅提高作业效率，提升作业质量，确保秧苗种植的一致性。移栽机的种类很多，适合在棚室内作业的一般是 1 行或者 2 行的中小型移栽机，有自带动力的、也有需要拖拉机悬挂的，番茄、辣椒、茄子、黄瓜等穴盘育苗的果类菜移栽可以选择用移栽机来完成。目前国内的移栽机像宝鸡鼎铎、山东华龙、华兴、南通富来威都可以，而且他们的产品正在系列化、专用化、定制化，可供选择的余地较大；国外品牌较多，像井关、久保田、洋马、豪泰克等，需要根据种植蔬菜品种的株行距等农艺要求来选择型号，井关有一款2行的移栽机，可适应的株行距范围较大，作业质量不错，洋马全自动移栽机技术领先，但是由于行距不能调整到45 cm以下，所以适应性相对小一些，国外品牌的移栽机价格都比较高，可以根据自身情况灵活选择。

中机华联2ZB-2型吊杯式移栽机

鼎铎2ZB-2型蔬菜移植机

华兴2ZBZ-2A蔬菜移栽机

久保田单行秧苗移栽机

井关2ZY-2A型蔬菜移栽机

意大利4/8行密植蔬菜移栽机

（2）技术要求。

① 根据不同蔬菜品种对株行距的要求，调整好移栽机的株行距，尽量选择株行距可调范围较大的移栽机；

② 根据棚室起垄长度和栽植密度，计算好单趟作业的栽苗量，确保作业途中不缺苗；

③ 移栽机作业的株行距合格率、漏苗率、裸根率、埋苗率等指标要符合该蔬菜品种当地农艺要求。

（3）注意事项。

① 移栽作业前要试作业 2~3m，检查株行距、作业质量指标是否达到设定要求，符合后再进行生产作业；

② 机手要与投苗手密切配合，确保在作业过程中行走匀速，作业速度与投苗速度相匹配，提高作业质量；

③ 每栋棚室移栽作业完成后，要对两端地头进行人工补苗，确保不缺苗。

5. 设施播种机械化技术

（1）技术内容。利用精量直播机将圆粒蔬菜种子或者近圆粒蔬菜种子种植到土壤里，可大幅提高作业效率，达到 1 穴 1 粒精量播种，节省种子，减少后期间苗人工投入，节约成本。目前使用的精量直播机质量比较可靠，国产厂家这几年的产品可靠性大幅提高，播种机的价格也在大幅下降，2019 年在青岛农机展会上看到一家生产播种机的主流厂家，每个播种单体的价格大概在几十块钱，一台 10 行的播种机价格是几百块钱，成本很低；国外的像韩国康博的精量直播

2BS-JT10 型精密蔬菜播种机　　　　　悦田 YTSYV-M 系列电动播种机

2BDD-4 电动自走式蔬菜直播机　　　　德易播 DB-S02 系列蔬菜播种机

机，价格比较高，但是作业质量很稳定，只需要按照播种面积的累计量，500 亩左右更换 1 次播种圆盘里的毛刷即可。在房山区一家种植广东菜心的园区使用这台设备比较好，目前管理的 500 多亩菜心都是采用这种播种机作业，园区负责人总结机具优点：一是不用间苗，节省蔬菜种子、节省用工；二是作业效率很高，一般一天播种 10 多亩地很轻松，已经成了不能缺少的好帮手。

（2）技术要求。

① 按照蔬菜品种要求的株行距，调整播种机播种链轮，使株行距达到农艺要求；

② 按照单栋棚室实际播种作业面积，计算需要的种子数量，在每个种盒里加入实际需要量 1.2 倍以上的种子，确保播种作业中不出现缺籽情况；

③ 播种作业时，播种机要匀速行走，操作者应行走在垄沟中，避免在垄面形成深浅不一的脚印，影响后期田间管理。

（3）注意事项。

① 在实际作业前试作业 1~2m，检查每行是否下籽、株行距是否达到要求，没有问题再开始生产作业；

② 作业过程中随时观察每个播种链轮是否转动，出现问题要及时停机检查并排除；

③ 每栋棚室作业完成后，要对两端地头进行人工补播，确保应播尽播。

6. 设施叶类菜收获机械化技术

（1）技术内容。利用叶类菜收获机对成熟蔬菜进行一次性采收作业，实现蔬菜快速收获，减少人工投入，节约成本。

法国 TERRATECK RJP120 小型叶菜收获机

璟田 MT-2001 型叶菜收割机

（2）技术要求。

① 针对不同叶类蔬菜品种，按照带根或不带根收获要求选择合适的收获机类型，一般应选择切割刀具有入土功能的收获机；

② 针对特定的收获机，应按照收获机具体作业幅宽确定前期起垄、播种作业幅宽，使整个作业过程前后连续一致，保证作业质量符合农艺要求；

③ 收获作业时行走速度要均匀，破损率、收净率等作业指标要符合农艺要求。

（3）注意事项。

① 在实际作业前要试作业 0.5~1m，检查收获作业质量是否达到要求，没有问题再进行生产作业；

② 一般要求叶类菜成熟度一致性达到 85% 以上后再进行机械收获作业，且收获量要与销售量相匹配；

③ 收获作业过程中要匹配相应数量的辅助工人，能及时将装满蔬菜的收获筐搬走，同时，放入空框，确保收获作业高效高质。

（二）露地蔬菜

园区露地蔬菜一般地块面积具有一定规模，且没有设施结构限制，所以，相对设施蔬菜实现机械化作业要容易一些，在没有蔬菜专用机械装备时，可以借助大田用农机具来完成一些环节的农机作业，如耕整地、撒施肥、植保、灌溉等。

当然最好是用蔬菜生产专用农机装备，作业的效果、质量会有很好的保证。因为蔬菜品种的差异、栽培制度的不同、生产方式的区别等影响，露地蔬菜生产机械化技术模式大同小异。下面以北京市农业机械试验鉴定推广站近几年试验示范、推广应用效果比较好的露地甘蓝全程机械化技术模式为例，介绍如何实现露地蔬菜全程机械化作业，降低人工成本、提高劳动效率。

1. 规划设计

根据露地甘蓝生产农艺要求，将生产流程细化拆分为具体环节及技术节点；开展农机配备，以技术装备要求较高的机械收获为起点，倒推集成前期耕整地、移栽定植等环节技术装备，统一农艺要求及农机作业参数，串联形成全程机械化配套作业方案；开展涵盖机耕道、排灌系统等内容的园区地块整体规划设计，满足农机农艺融合的生产要求。

2. 撒施肥

根据耕地实际情况及露地甘蓝生产肥力要求，按照测土配方施肥技术要点，开展机械化撒施肥作业，底肥撒施以有机肥为主，配方颗粒肥为辅。百亩规模地块有机肥撒施作业可选配 120 马力拖拉机 +agrex 撒肥机开展作业，配合装载车进行肥料填装。配方肥撒施可以选配 60 马力拖拉机 +M423 型撒肥机。

约翰迪尔 1204 拖拉机 +AGREX 撒肥机 +
明宇重工 ZL12 型装载车 + 农用三轮

约翰迪尔 600 型拖拉机 + 自动驾驶系统 +
M423 型撒肥机

3. 耕地整地

在撒施肥前，对地块坚实度、平整度进行测量，准确测量不同区域地势高低情况，建立原始地块空间模型，通过计算，拟合形成最优激光平地方案。按照方案，采用激光平地机，调整倾斜角度，开展水（斜）平面激光平地作业，保障菜田在同一水（斜）平面。

为满足甘蓝生产农艺要求及机械化移栽要求，激光平地后采用联合整地机开展旋耕、镇压作业，保证移栽前耕地碎土率大于90%。

约翰迪尔1204拖拉机+深松机+旋耕机　　　约翰迪尔654拖拉机+旋耕机+镇压

4.育苗

在适宜当地春茬露地种植的甘蓝品种中综合选择丰产性好、结球相对紧实、开展度小，不宜裂球的适宜机械化管理及收获的甘蓝品种作为主栽品种。根据移栽日期及品种特性，做好苗期管理，培育适宜机械化移栽的优质壮苗。大规模育苗场育苗过程中可以选配育苗播种流水线，提高育苗播种质量及效率。采用吊杯式移栽机开展移栽作业，建议采用72穴左右的苗盘进行育苗；采用链夹式移栽机开展移栽作业，建议采用105穴左右的苗盘育苗。此外，应注意国内外部分移栽机移栽作业对育苗环节有其他方面特殊要求。

辅助设备：WS-Ⅱ型日光温室自动控温设备+EKOPAL RM03-3秸秆直燃高效锅炉+鼓风加热系统+LYYH-1型喷灌车系统+移动苗床+卷帘机

5.移栽

一种是采用链夹式移栽机。适合大面积露地蔬菜移栽，以5行链夹式移栽机为例，主机动力应不小于 65 马力，生产率为 3~4 亩 / 小时，缺点是无法覆膜移栽。

另一种是采用吊杯式移栽机，适合早春覆膜移栽，有助于增温保墒。以 2ZB-2 型吊杯式移栽机为例，配合 30 马力以上拖拉机，一次进地可完成铺滴灌管、铺膜、移栽作业，移栽效果较好，生产率为 1~2 亩 / 小时。

此外，移栽、田间管理、收获环节农机作业过程中，在统一动力设备的基础上，可选配北斗卫星导航自动驾驶系统，保证农作物之间的行间距准确，降低人工驾驶技术要求的同时，大幅度提升作业质量和效率，收获、管理过程中保证轮胎压在原来轮辙上，不压菜、不伤菜。

约翰迪尔 654 拖拉机 + 自动导航系统
+2ZL-4 型链夹式移栽机　　　　约翰迪尔 354 拖拉机 + 自动驾驶系统 +
　　　　　　　　　　　　　　　2ZB-2 型吊杯式移栽机

6. 田间管理

100 亩及以上规模地块适合采用指针式喷灌机进行灌溉作业，具有喷洒均匀、节水和自动化程度高的特点；小规模地块适合采用地面喷灌作业；覆膜移栽可选铺滴灌管、覆膜、移栽一体机在移栽过程中铺设滴灌管道，进行膜下滴灌作业。

植保方面主要采用喷杆式喷雾机，待田间封垄后，不便于机械进地作业后可采用无人机植保打药。

ZIMMTIC 指针式喷灌车

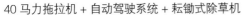
40 马力拖拉机 + 自动驾驶系统 + 耘锄式除草机　　404 拖拉机 +3wp-650 喷杆喷雾机

7.收获

采用意大利 hoterch 公司的单行甘蓝收获机进行采收作业，可一次完成切割、

筛选输送、装箱等多项作业，避免了
农户弯腰砍收、装运等项工作，大幅
度降低劳动强度，每小时可采收 1.5 亩
左右，精准作业条件下，机械采收破
损率小于 3%，基本满足农艺作业要
求。由于收获机单行侧边作业，需要
提前人工收获开辟作业通道，循环成
圈作业或往复来回作业。

654 拖拉机 + 自动驾驶系统 +
HORTECH 收获机

三、基本经验

（一）农机农艺要相向融合

从农机角度出发，需要考虑作业时的农艺要求，例如，垄宽、株行距、亩株
数等；从农艺角度出发，就要尽量使农艺要求能符合机具的作业要求，例如，穴
盘苗大小、收获时成熟度一致性等，只有农机与农艺互相融合，都去多考虑下对
方的需求，那么蔬菜作物的全程机械化之路就会越走越宽。

（二）要全程标准化作业

每一种蔬菜作物在考虑其全程机械化时，一是要把每个环节的技术需求分清
楚；二是要连贯起来把从种到收各环节农机作业的标准都统一起来。例如，在育

苗环节就要考虑育出多高多大的苗适合移栽机作业；整地时要考虑什么样精度的平整度可以满足后续起垄、植保、收获作业的需要；在收获时要考虑作物的成熟度一致性，我们认为一般要达到85%以上就满足一次性采收的标准，这些问题都需要贯通考虑，最终实现标准化作业。

（三）强调良机良法

一方面要求选配的农机具性能要优良，能最大限度地满足农艺需求；另一方面要求农机操作者要懂机具、会使用，这方面在我们目前实践中遇到的问题比较多，往往是好的农机具因为不会调试、人机配合不好，就被否定，这不是我们想要的。一些大的蔬菜种植园区要培养并留住农机手，并在新机具新技术使用前做好实际操作的技能培训，达到良机良法好效果。

（四）重视设施"宜机化"建造

一是在新建造日光温室或塑料大棚时，除了考虑保温、采光、通风、降温等农艺技术方面的要求外，一定要把便利农机具进出作业的通道考虑在内，在建造的整个过程中始终把适宜机械化作业的要求作为重要指标要求，为后续蔬菜生产管理打好铺垫；二是现有老旧日光温室和塑料大棚，为尽可能在多的蔬菜生产环节实现机械化作业，要把"宜机化"改造纳入生产计划中，按照充分利用政策资源和量力而行的原则，统筹做好改造工作，逐步实现便利机械化作业。

四、问题解答

（一）用播种机播种后，两头总是出现漏播情况，怎么避免？

在机器调整后需要试作业，先作业2~3m，检查是否有漏播，把土刨开看一下是否有种子，如果没有则需要检查是否是机器堵塞或者转动方面的问题，进行调整后再试一下，确保下种子后再进行作业。

（二）机器播种出苗后，发现出苗不整齐，该怎么办？

如果担心出苗不齐，可以1穴2粒或者1穴多粒，如果出现了苗不齐的情况，有条件的可以进行补苗。

（三）为了温室实现机械化，在建的时候有什么要求？

在建造温室时最好留出机具作业通道，一般温室的建筑和设计公司在建新温室时会将这些因素考虑在内，温室的骨架前角不低于1.5m。

（四）购机补贴的对象和范围能具体说一下吗?

北京市农业农村局官网和北京农机化信息网上有专区，定期发布农机归档产品目录，在目录中可以查到补贴农机的机具种类、对象、补贴范围和补贴金额，此外，下载北京市农机补贴 App 也可以进行相关查询和操作。

疫情防控期间标准化基地如何组织生产

‖专家介绍‖

王全红，北京市优质农产品产销服务站，高级工程师，副站长。自 2002 年参加工作以来，始终从事农产品质量安全、农业标准化、农业环境监测与控制（畜牧业）等相关工作。先后荣获全国农业先进工作者、全国污染源普查先进个人、北京市"三八"红旗奖章等荣誉称号 10 余项。主持（主笔）制定行业、地方标准 10 项，参与制定地方标准 6 项，参与制定"冬奥会"农产品产地准入标准 9 项；获评北京市农业技术推广奖三等奖 2 次（第一完成人），二等奖 1 次（第四完成人）；获批国家专利 3 项（第一完成人）；出版论著 1 部、发表论文 20 余篇、编写技术指南 20 余套、培训农业技术人员 3 000 余人次。

与此同时，示范推广畜牧环境控制技术 8 项，组织建设畜牧业"节能减排"核心技术示范基地 38 家；指导构建种植业基地标准化管控模式 3 套，集成技术保障体系 1 套，组织建设核心示范基地 27 家；指导建设或组织认定无公害农产品生产基地近 500 家，指导建设并组织评定优级标准化基地 300 余家。

课程视频二维码

一、北京市农业标准化基地建设现状

北京市农业标准化基地建设从 2011 年启动，截至 2019 年年底，共建设有 1 208 家，覆盖了北京市 13 个涉农区，同时，覆盖种植业、养殖业、水产业。通过 8 年的建设、推动和管理，在北京市农业农村局和各区的共同推动下以及各区基地的广泛参与下，共评定优级标准化基地达到了 506 家，良好级基地 209 家。这是目前北京市农业标准化基地的底数。

北京市农业标准化基地分布数量

各区	标准化基地总量	标准化基地数量			标准化基地数量			
		种植	畜禽	水产	优级	良好级	达标级	无等级
平谷	255	23	87	145	24	52	172	7
房山	211	128	59	24	108	50	2	51
顺义	148	78	15	55	102	10	12	24
密云	124	81	26	17	30	55	13	26
通州	106	79	19	8	63	13	2	28
延庆	74	44	25	5	43	5	5	21
大兴	73	73	0	0	40	3	11	19
怀柔	73	59	8	6	40	3	0	30
昌平	71	58	7	6	30	4	0	37
海淀	32	31	1	0	7	5	0	20
朝阳	16	13	0	3	6	4	1	5
门头沟	16	8	5	3	6	4	1	5
丰台	9	9	0	0	7	1	0	1
全市	1 208	684	252	272	506	209	219	274

标准化基地行业占比情况：种植业占 57%，水产占 22%，畜牧业占 21%。

标准化基地分等级占比情况：优级占 42%，良好占 17%，达标占 18%，无等级占 23%。

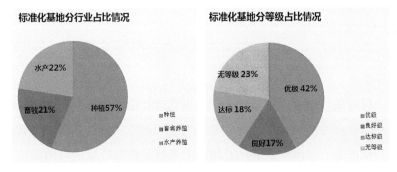

标准化基地行业及等级占比情况

那么，这些标准化基地，每年生产多少农产品？在满足市民消费方面发挥了多大作用呢？据统计，全市 1 208 家基地每年生产的农产品产量已经达到北京市"菜篮子"农产品总量的 60%，为稳定市场供应发挥了巨大的作用。

二、农业标准化基地面对的主要问题与任务

1. 主要问题

在新型冠状肺炎疫情期间，人们的日常生活受到了很大影响，标准化基地工作也同样面临着一些影响和问题。2020 年 2 月 10 日开始，北京市优质农产品产销服务站通过应用电话和微信等形式，对全市 13 个区无公害农产品认证机构（种植业）相关管理人员、7 个区农业标准化工作相关负责人以及北京市全程标准化基地生产管理人员进行了调研。结果表明，主要存在以下几个问题：一是用工难，返京人员需要进行管控，当地人员的雇用，在疫情期间也受到一些影响；二是生产难，由于防控物资紧张、原材料采购成本高、运输受限等情况造成生产困难；三是销售难，防控期间休闲采摘暂停、供需信息不对等导致农产品销售难。

2. 主要的任务

标准化基地现阶段的任务主要括 4 个方面：防控疫情、稳定生产、保障供应、保证质量。

在当前大形式下标准化基地要做好疫情防控，持续推进生产，稳定供应。还要与春耕、夏长进行对接，保证全年的生产不受影响。在做好疫情防控、稳定生产的同时，要保证农产品质量安全，满足老百姓对农产品数量和质量的需求，这是农业标准化基地在疫情期间应该履行的主体责任和义不容辞的社会责任。

三、如何抓好标准化生产

（一）加强防控

标准化基地要做好疫情防控工作，重点要做好人员管理、环境消毒、设施消毒和产地净化。

（1）人员管理。结合北京市的人员进出管理规定，做好登记、测量体温、隔离观察、封闭管理等措施，保证现有在岗人员和返京人员身体健康，管理规范。

（2）环境消毒。对园区、场区，棚室内、栋舍内的环境进行消毒。

（3）设施消毒。对常用设施、设备等生产工具进行设施消毒。

（4）产地净化。对生活垃圾、生产废弃物、病死畜等进行及时清理、处理，保障产地净化。在消毒药剂的选用方面，要选择有信誉有品牌的产品，确保消毒药剂质量；在消毒方法方面，一是要加强日常消毒（重点部位、常用设施重点消毒）；二是要填写消毒记录。

（二）抓好标准化生产

1.依标生产

一是梳理生产环节（以蔬菜基地为例）。产前环节：包括茬口安排、种子筛选、农资的购买、储存、出入库等方面的管理。产中环节：包括农事操作（栽培、水肥、病虫害防控）农药、化肥、饲料等投入的使用。产后环节：包括休

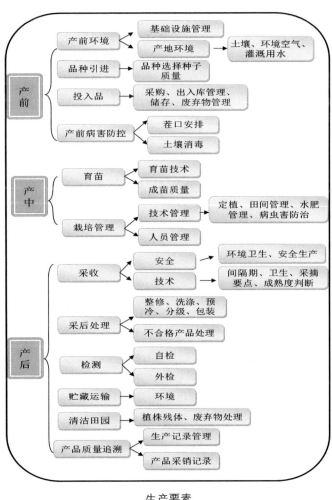

生产要素

药期、间隔期、采收、分级、包装、储存、贴标（基本、品牌、认证、追溯信息等）生物安全管控这些方面的管理工作。

二是明确生产要素（以蔬菜基地为例）。对蔬菜产前、产中、产后全过程实施标准化管理，这就需要明确该基地的主要生产要素和影响因子。

三是建立标准体系（以蔬菜基地为例）。根据梳理的环节和生产要素，结合基地实际情况，建立覆盖蔬菜产前、产中、产后的全过程的标准化工作体系。

蔬菜基地生产管理标准体系

目标	阶段	控制环节	标准
统防统治，实现蔬菜安全生产	产前	产前环境	产地环境标准 LFN 001–2017
		基础设施	基础设施标准 LFN 002–2017
		农资投入品	农用物资标准 LFN 003–2017
		茬口安排	生产计划制定规范 LFN 004–2017
		土壤消毒	土壤消毒办法 LFN 005–2017
	产中	育苗	育苗技术规程 LFN 006–2017
		栽培管理	生产技术标准 LFN 007–2017
	产后	采收	采收标准 LFN 008–2017
		分级	分级标准 LFN 009–2017
		产品	产品标准 LFN 010–2017
		植株残体处理	植株残体处理规范 LFN 012–2017
		检测与抽样	抽样与检测 LFN 001–2017
		不合格产品处理	不合格产品处理办法 LFN 013–2017
		销售	销售渠道与销售规范 LFN 014–2017
		包装	
		标识管理	标识、包装、贮存、运输标准 LFN 015–2017
		贮藏运输	

四是组织依标生产（以蔬菜基地为例）。每个标准化基地都有自己的标准体系，其中，明确了不同生产环节的操作规程和管理流程，重点是要在生产过程中组织实施。即组织基地的生产管理人员依照标准要求进行生产，保证产品生产过程标准化，保证产品质量安全。

下面是几个重点农产品的生产要素分析图和标准体系表，由于每个企业实际情况不同，因此，各企业均可参照下面的内容建立符合自身生产需求的标准体系。

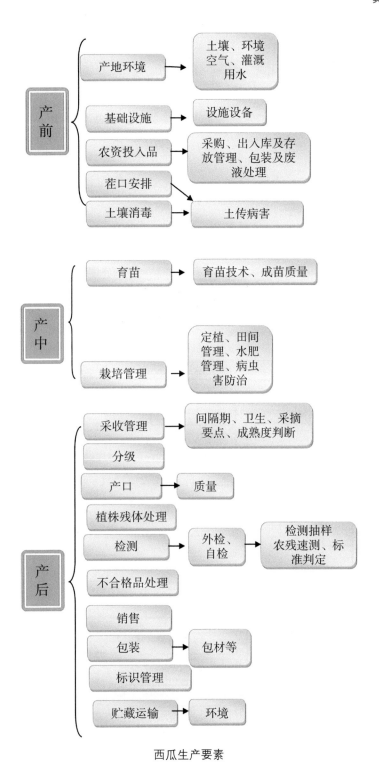

西瓜生产要素

西瓜生产管理标准体系

目标	阶段	控制环节	标准
严格执行绿色生产模式，合格率达100%	产前	产前环境	NY/T 5010-2016 产地环境 ZJC 001-2017
		投入品	投入品管理办法 ZJC 002-2017
		茬口安排	西瓜茬口安排 ZJC 003-2017
		土壤消毒	高温闷棚土壤消毒技术规程 ZJC 004-2017
	产中	育苗	西瓜育苗技术规程 ZJC 005-2017
		授粉	设施西瓜蜜蜂授粉技术规范 ZJC 006-2017
		栽培管理	绿色食品 西瓜生产技术规程 ZJC 007-2017
	产后	采收 分级	西瓜采收的采收和分级 ZJC 008-2017
		产品	绿色食品西瓜 ZJC 009-2017
		植株残体处理	西瓜植株残体处理规范 ZJC 010-2017
		贮藏运输	西瓜的包装、贮存和运输 ZJC 011-2017
		检测与抽样	农残检测技术规范 ZJC 012-2017
		不合格产品处理	不合格产品处理办法 ZJC 013-2017
		销售	西瓜销售规范 ZJC 014-2017

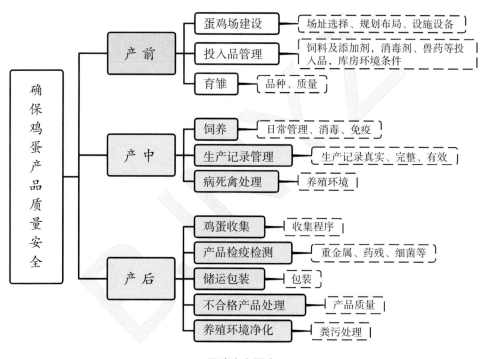

蛋鸡生产要素

蛋鸡生产管理标准体系

目标	阶段	控制环节	标准
实现蛋鸡养殖全程标准化,确保产品质量安全	产前	蛋鸡场建设	Q/FS NXQY QC001–2019 蛋鸡场环境质量标准
			Q/FS NXQY QC002–2019 设施设备管理标准
			Q/FS NXQY QC003–2019 库房管理标准
	投入品管理		Q/FS NXQY QC004–2019 库管人员工作职责
			Q/FS NXQY QC005–2019 投入品采购标准
			Q/FS NXQY QC006–2019 采购员工作职责
			Q/FS NXQY QC007–2019 自配饲料加工标准
	育雏		Q/FS NXQY QC008–2019 蛋鸡育雏标准
	产中	养殖	Q/FS NXQY QC009–2019 蛋鸡饲养标准
			Q/FS NXQY QC010–2019 疫病防治标准
			Q/FS NXQY QC011–2019 舍内外环境卫生标准
			Q/FS NXQY QC012–2019 技术员工作职责
		生产记录管理	Q/FS NXQY QC013–2019 生产记录管理标准
		病死禽处理	Q/FS NXQY QC014–2019 病死禽无害化处理标准
	产后	鸡蛋收集	Q/FS NXQY QC015–2019 鸡蛋收集标准
		产品检疫检测	Q/FS NXQY QC016–2019 鸡雏检疫标准
			Q/FS NXQY QC017–2019 鸡蛋定期检测标准
		储运包装	Q/FS NXQY QC018–2019 鸡蛋包装运输销售标准
		不合格产品处理	Q/FS NXQY QC019–2019 不合格鸡蛋处理标准
		养殖环境净化	Q/FS NXQY QC020–2019 粪污无害化处理标准

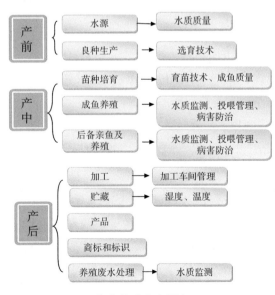

水产养殖生产要素

水产养殖生产管理标准体系

目标	阶段	控制环节	标准
鱼品的质量安全	产前	水源	NY/T 5361-2016 无公害农产品 淡水养殖产地环境条件 ZKTL 019-2017
		良种生产	良种选育 -014 ZKTL 014-2017
	产中	苗种培育	育苗技术规程 ZKTL 001-2017、繁殖标准 ZKTL 010-2017
		成鱼养殖	防疫标准 ZKTL 011-2017、测量、检验、试验管理标准 ZKTL 016-2017、鲟鱼成鱼饲料标准 ZKTL 003-2017、安全生产管理标准 ZKTL 018-2017、环境卫生管理标准 ZKTL 017-2017、成鱼养殖技术规程 ZKTL 006-2017
		后备亲鱼及亲鱼养殖	亲本循环养殖标准 ZKTL 005-2017、亲鱼及后备亲鱼培育标准 ZKTL 004-2017、鱼病防治管理标准 ZKTL 002-2017
	产后	加工	加工车间管理标准 ZKTL 012-2017
		贮藏	标志、包装、运输、贮存规程 ZKTL 009-2017
		产品	鱼子酱加工技术规范 ZKTL 008-2017
		商标和标识	品牌和标识管理标准 ZKTL 013-2017
		养殖废水处理	养殖废水处理规范 ZKTL 015-2017

依标生产贯穿标准化生产的产前、产中、产后的生产过程，其中质量安全管控是重点。以下内容需要各基地重点关注。

（1）品种与种养模式的选定。

种植业：选用优良品种，选用合理的种植模式和栽培技术，减少病虫害发生。

畜牧和水产：畜禽和水产养殖选用优良品种，以先进养殖技术，现代化的生产设施支撑健康养殖、生态养殖，减少疫病的发生。

（2）防控技术的应用。

种植业：充分利用色诱板、杀虫灯等虫害诱杀技术，"以虫治虫"、"以螨治螨"等生物防治技术，同时使用生物农药等绿色防控技术进行病虫害的防治，减少化学农药使用。

畜牧养殖：养殖场应严格做好养殖场入口处的消毒管理和区域消毒，加强健康养殖管理和生物安全防控措施，增强畜禽免疫力，减少抗菌药物使用。

（3）投入品的购买与储存。

购买：一要看证照；二要看标签；三要索取票据。

储存：专用场所；专业摆放；专人管理。

（4）投入品的使用。合理使用农业投入品，严格执行安全间隔期或休药期的规定，防止危及农产品质量安全。禁止在农产品生产过程中使用国家明令禁止使用的农业投入品。

下面列举在蔬菜、畜禽、水产上的用药注意事项。

① 蔬菜用药要规范：

坚决不使用国家明令禁止使用的剧毒、高毒农药或国家禁止使用的农药；

按标签使用，严格控制药量和次数；

严格执行用药安全间隔期。

② 畜禽用药"五禁止"：

禁止使用假劣兽药及国家规定禁止使用的药品；

禁止将原药直接添加到饲料及动物饮用水中或者直接饲喂动物；

禁止将人用药品用于动物；

禁止在饲料和动物饮用水中添加国家明令禁止的物质；

禁止销售含有违禁药物或者兽药残留超标的产品。

③ 水产切记乱用药：

不使用假、劣兽药和人用药以及所谓"非药品""动保产品"等国家未批准药品；

严格按照用药量和休药期；

鱼类养殖禁止使用孔雀石绿、氧氟沙星，重点关注恩诺沙星、环丙沙星。

2. 如实记录

在做好依标生产的同时，还要做好生产记录。第一是落实农产品安全法的规定；第二是落实了标准化生产基地管理的理念；第三有了记录后在顺向是记录农产品生产过程，逆向是追溯农产品质量生产过程。其中，包括农产品、养殖业、水产等不同体系，都有自己的记录标准。在新冠肺炎疫情防控期间，我们更要克服各种困难，进行如实的记录。下图列举一个畜牧业的记录内容，包括生产记录，消毒记录，投入品的记录，免疫记录等方面。

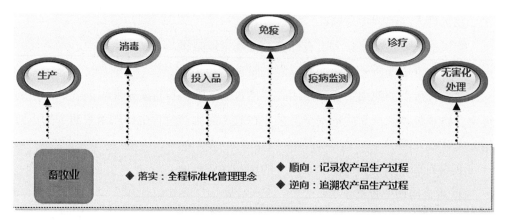

畜牧业的记录流程

3. 加强巡查

抓好农业标准化生产离不开检查与巡查，我们基地的企业负责人与标准化负责人等要加强基地人员、基地环境、产前生产准备、产中生产操作、产后产品管理、投入品使用、包装标识、产品自检、生产记录等所有生产过程中的巡查，在疫情期间包括平时都要加强巡查。发现问题及时改正、纠正，发现安全隐患要及时上报，这是标准化基地一直提倡的。

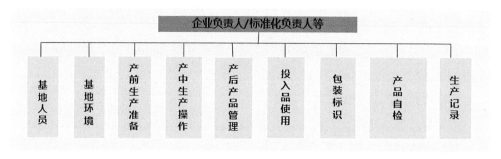

农业标准化基地巡查事项

4. 按规检测

按规检测在农产品安全法第26则中有规定，生产企业和合作社应当自行或者委托检测机构对农产品质量安全状况进行检测，经检测不符合农产品质量安全标准的农产品，不得销售。因此，在产品采收完上市之前，要经过自检、抽检或者委托检测，确定没有问题才能上市。种植业基地、养殖业基地等都要配合好相关部门进行抽检。

5. 贴标上市

目前，全市 1 208 家标准化基地中有 80%~90% 是经过认证的无公害农业生产基地、绿色食品基地，甚至是有机生产基地。产品上市前，根据需求进行产品分级、包装、贴标、上市，贴标工作要严格按照标准化生产的管理要求和认证认定要求规范贴标、规范用标。包装物或者标识上应当按照规定标明产品的品名、产地、生产者、生产日期、保质期、产品质量等级等内容。使用添加剂的，还应当按照规定标明添加剂的名称。

生产者销售的农产品必须符合农产品质量安全标准，无公害农产品生产者可以申请使用无公害农产品标志。农产品质量符合国家规定的有关优质农产品标准的，生产者可以申请使用相应的农产品质量标志。禁止冒用农产品标志。

四、如何做好产销衔接

受到疫情影响，很多农产品都存在滞销问题，标准化基地的农产品也面临相同的问题。企业及各区、市及相关部门要保证好原销售渠道，还要拓展新的渠道，想办法把生产出来的农产品销售出去。

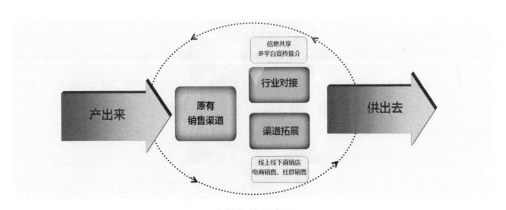

产销衔接示意图

市级搭建平台，强化服务指导。目前建立了"北京市农业农村局农产品供求信息平台"，通过网络平台、社区群销售、点对点对接等几种方式进行助销。最后还从生产、销售等多渠道对接区、企，开展服务指导工作，通过对接解决了昌平区部分草莓以及密云区部分番茄等农产品的销售问题。

各区搭建平台，推动产销衔接。各区结合实际，助力衔接，房山、延庆等

13个区都展开了相关工作。例如，房山区农业农村局农服中心借助平台，提供点对点服务，减少中间环节，把生产的叶类蔬菜及时送到了消费者手中；延庆区组织绿富隆等企业，采用实体店的形式对其农产品进行了集中销售；此外，通州区、平谷区的一些标准化基地也都在区企的共同努力下，开展了线上、线下相结合的产销推介，都收到很好的效果。

企业加大推介，开展多渠道经营。各企业在疫情期间，为解决老百姓吃菜难和农产品销售难的问题，进行了多渠道多形式宣传推介（利用微信公众号、市区平台等进行宣传推介；利用实体店、网络直营店、建设社区销售站、社区群配送等进行销售），也取得了较好的效果。

五、问题解答

（一）什么样的园区可以申报农业标准化基地，如何申报？

目前执行 16 字方针：区级建设、市级评定、动态管理，优级奖励。如果要申报，先和属地农业农村局农产品质量安全管理部门对接，申请建设、备案，这期间区级工作机构会按照要求指导基地进行建设。一年后，市级工作机构会组织专家组对其生产管理情况进行现场评定，并针对存在问题指导改进。

（二）疫情期间基地每天消毒几次？

种植业、养殖业及水产业都是不一样的，有不同的标准。疫情期间北京市优质农产品产销服务站编制并印发了《疫情期间标准化生产管理工作指南》里面明确了具体的消毒方式等。大家可通过区、市工作人员查找，也可在北京市优质农产品产销服务站公众号查询。

（三）疫情期间还要按照标准体系进行生产吗？

无论任何时候，标准化基地都应按照标准化生产管理要求组织生产。疫情防控期间，各基地还要在做好日常标准化生产的同时做好疫情防控工作。通过前期的调研北京市优质农产品产销服务站了解到有部分标准化基地针对疫情期间的生产管理，特别编制了标准化生产管理工作体系，以规范疫情期间的生产管理行为。

（四）标准化基地食品安全度怎么样？

每年市、区及农业农村部都会组织抽检工作，北京市的合格率在全国名列全茅。标准化基地会严格按照不同行业和不同农作物生产特点组织标准化生产，可以保障安全。

设施果蔬蜜蜂授粉技术

‖专家介绍‖

孙海，北京市植物保护站高级农艺师，蔬菜作物科副科长，主持完成各类农业科技项目13项，主要从事设施果蔬作物蜜蜂授粉技术的研究和推广、土壤病害治理等工作。研究并提出了以病虫源头控制为核心，以天敌防治、理化诱控等非化学防治为主要技术措施的蜜蜂授粉和病虫害绿色防控集成技术体系，起草了农业行业标准"主要农作物蜜蜂授粉及病虫害绿色防控技术规程"，解决了蜜蜂授粉与病虫防治用药矛盾的技术问题，推动了北京市番茄、草莓等设施果蔬作物蜜蜂授粉技术的全面推广，技术推广应用覆盖率处于全国领先水平，对促进蔬菜产业高质量发展和带动农民增收发挥了重要作用。发表科技文章21篇，编写著作5部，获得授权专利20余项，制定农业行业标准和北京市地方标准各1项，获得"全国蜜蜂授粉推广突出贡献奖"，中华农业科技奖二等奖和北京市农业技术推广奖二等奖，CCTV、人民日报等重要媒体和网络报道80余次。

课程视频二维码

一、蜜蜂授粉重要性

在自然界中，蜜蜂对于农作物的生产和提质具有重要作用，在我们人类利用比较高的100种作物中，有75%的作物是依靠昆虫进行授粉的，而昆虫授粉作物中的80%由蜜蜂贡献。欧洲将动物对农业的贡献进行比较，蜜蜂被评选为欧洲第三位最有价值的家养动物，对农作物授粉的贡献巨大。

国内也有人测算过蜜蜂对农业的贡献，蜜蜂授粉对中国农业生产的经济价值大约为3 000亿元，相当于全国农业总产值的12.3%，是养蜂业总产值的76倍。但是现在国内很多地方养蜂还是以获取蜂蜜为主，蜜蜂授粉对农业价值的挖掘还不够，这是需要提高的一个方面。

二、蜜蜂授粉技术优势

由于在设施果蔬中，环境相对较封闭，对于一些果蔬来说其自然授粉率是比较低的，需要人工辅助授粉来提高坐果率和产量。传统人工授粉或人工药物授粉，如在西瓜上，用西瓜的雄花来给雌花授粉，而番茄一般用的为生长调节剂，让子房膨大。不管哪种方式都是需要人工，需要劳动力的。

蜜蜂授粉相较传统授粉有哪些技术优势呢？下面为大家介绍一下。

（一）授粉成本

蜜蜂授粉和人工授粉相比最大的优势就是节约人工。农业生产劳动力是非常紧张的，且成本越来越高，人力相对较少，授粉工作占农业中的劳动强度很大，且授粉环境比较恶劣。蜜蜂可以将人工解放出来，而节省下来的人工，可以做其他的工作，以提高劳动生产率，这对农业来说是非常重要的。

利用熊蜂授粉技术可以降低成本。一箱熊蜂的价格大约为400元；人工授粉成本，按照一个棚的作物授粉测算，一般一个授粉周期需要授粉10~15次，每

次0.5~1天，总用工约为7.5天（按照每天人工费120元计算），最终成本约为900元。所以，蜜蜂授粉可以节约成本约500元。

对于西瓜来说，其授粉周期相对较短，一般来说可以降低成本约100

人工授粉和蜜蜂授粉

元，而对于授粉周期较长的草莓来说，可以节约 30 天的人工，降低授粉成本约 3 100 元。

草莓的蜜蜂授粉

（二）产量和品质

不同的授粉方式可以影响作物的产量和品质。通过下表可以看出，不同授粉方式对果实大小、果型和色泽有不同的影响，熊蜂授粉的番茄其果实的均匀度更高，产量也有一定程度的提高。

不同授粉方式对果实大小、果型和色泽有不同的影响

授粉方式	平均最大单果重（g）	平均最小单果重（g）	最大果与最小果单果重平均差（g）	平均单果重（g）	增产（%）
熊蜂授粉	249.3	169.9	79.4a	198.8a	8.4
人工药物沾花	253.3	123.6	129.7b	183.4b	

经过熊蜂授粉，其果实大小均匀一致，果型周正，果脐正中，转色均匀；而激素沾花，果实大小不均匀，果型多样，果脐偏离，果色深浅不一致，转色不均匀。

熊蜂授粉和人工授粉对照

另外，熊蜂授粉的果实的畸形果率大幅度下降。从下表中可以看出，草莓和番茄的畸形果率分别下降了 24% 和 12%。

果实的畸形果率

作物	畸形果率（%）		下降（%）
	非蜜蜂授粉区	蜜蜂授粉区	
草莓	48.7	24.7	24.0
番茄	12.7	0.7	12.0

点花和熊蜂授粉番茄

熊蜂授粉番茄和点花处理番茄的切面

从熊蜂授粉的番茄和人工点花处理的番茄切面看，熊蜂授粉番茄，其番茄内部的种子比较多，汁液也相对较多，而点花处理的番茄其内部的种子比较少，汁液相对较少。熊蜂授粉的果实汁液较多，相较人工点花处理的番茄口感更好。

通过统计也可以发现，番茄熊蜂授粉的种子比人工点花处理的番茄种子明显增多，点花处理种子的番茄，单果种子58粒，单粒种子较小，干瘪，种皮外绒毛稀疏且不规整，千粒重3.448g；而熊蜂授粉的番茄，单果种子159粒，单粒种子较大，饱满，种皮外绒毛多且规整，千粒重3.774g。

不同处理对番茄果实品质影响

	果肉	中隔果肉	滋养组织	单果种子数（粒）	种子绒毛	绒毛光泽	千粒重（g）
熊蜂授粉	肥厚松软	规矩肥厚	饱满	158	规整	有	3.774
点花处理	果肉薄硬实	散乱较薄	不饱满	58	不规整	无	3.448

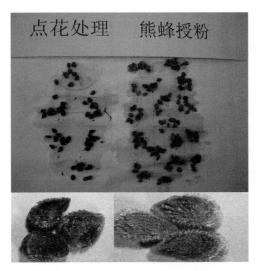

点花处理和熊蜂授粉的种子数量统计

通过检测发现，激素处理在保产量的同时，果蔬部分的品质和营养指标低于自然授粉，熊蜂授粉可以提高番茄的可溶性固形物、维生素 c 和糖度等，其口味也更好。

番茄测试报告（引用）（2015 年 6 月 5 日）

样品名称	测试项目				
	可溶性固形物（%）	维生素 C（mg/100g）	总糖（g/100g）	总酸（以苹果酸计）（g/100g）	风味（糖酸比）
激素保果重复 1	5.7	14.0	1.95	0.29	6.72：1
激素保果重复 2	5.2	10.5	1.90	0.21	9.05：1
激素保果重复 3	6.2	9.2	2.29	0.28	8.18：1
平　均	5.7	11.2	2.05	0.26	7.98：1
熊蜂授粉重复 1	6.2	12.8	2.83	0.43	6.58：1
熊蜂授粉重复 2	5.7	16.6	2.53	0.32	7.90：1
熊蜂授粉重复 3	6.2	12.8	3.08	0.36	8.56：1
平　均	6.03	14.06	2.81	0.37	7.68：1

另外，番茄熊蜂授粉技术可以减少灰霉病的发生，通过熊蜂授粉技术，其花瓣可以自然脱落，而花瓣是灰霉病发生的主要位点，减少了灰霉病发生的概率。

蜜蜂授粉和人工点花处理的花瓣

综合以上几点，熊蜂授粉可以提高果实品质、提高产量、节省劳力、避免污染、减轻病害的发生。

熊蜂授粉除了生产上的优势，还有一个特点：熊蜂对农药高度敏感，若随意使用农药会让蜜蜂大量死亡，所以，飞舞的蜜蜂是农产品质量安全的"监督员"，是安全优质产品的"名片"，使农产品的农药使用减少，提高了农产品的质量安全和生态环境安全。

近几年，随着熊蜂授粉技术的大力宣传，越来越多的生产者、消费者都认可了这项技术，熊蜂授粉的农产品也得到越来越多消费者的青睐。

三、3 种作物蜜蜂授粉技术要点

许多人认为蜜蜂授粉就是把蜂箱放到大棚里就可以让蜜蜂完成授粉，其实这是不对的，蜜蜂授粉也需要注意一些管理技术的要点，如果不注意的话，可能会影响授粉效果。现在为作物授粉蜜蜂类昆虫主要有蜜蜂、壁蜂和熊蜂 3 类。

蜜蜂—有粉有蜜、花期长作物　　熊蜂—茄果类、甜瓜　　壁蜂—苹果、樱桃等果树

壁蜂在果树上用得较多，而且其比较耐寒，特别适宜在早春为果树类作物授粉；熊蜂比较适于茄果类和香甜瓜等，主要因为熊蜂的体型比较大，且茄果类和甜瓜类的花比较大和长，有一种比较特殊的气味，比较适合熊蜂来授粉；蜜蜂在草莓和西瓜上用得较多，适宜花期较长的作物使用。

（一）番茄的熊蜂授粉

现在的授粉熊蜂，大部分都已经商业化了，在北京市使用比较多的主要是北京农之翼、比利时碧奥特、荷兰科伯特和衡水沃蜂 4 个企业提供的熊蜂。一般这种商品化的熊蜂可以使用的周期为 6~8 周。

北京农之翼　　　　比利时碧奥特　　　　荷兰科伯特　　　　衡水沃蜂

施用熊蜂要按照如下步骤。

1.提前预订

因为熊蜂的繁育周期比较长，能达到 11 周，在番茄开花前 15~30 天提前向厂家定制熊蜂，以保证货源。同时，可以根据使用面积确定熊蜂的使用量，如一箱熊蜂可用于 1.2 亩地樱桃番茄，可用于 1.5 亩地普通大番茄，超过面积应增加熊蜂箱数。

2.棚室准备工作

在放蜂之前，需要在上下风口设置防虫网，检查棚膜有无破损漏洞，棚膜与墙壁和地面之间有无大的缝隙，及时修补，同时，确保熊蜂进棚前土壤中未使用对蜂高毒、强内吸性的土壤缓释药剂，进棚前 1 周尽量不使用杀虫剂。因为熊蜂对环境比较敏感，让熊蜂感觉环境不适宜，其就不太容易好好授粉。

3.收货时检查蜂群质量

这一点在实践中做得不太好，很多农户收到蜂群后就放到大棚里了，若熊蜂出了问题，就容易与商家产生纠纷，影响授粉质量和产品的品质。所以，在生产中接到蜂群后一定要进行检查，主要有以下几个指标，检查蜂巢颜色鲜黄色，具光泽，蜂群活跃，震动声响大；检查每箱蜂是否有健康蜂王1只，工蜂数量60只以上，蜂巢有大量卵、幼虫和蛹；检查蜂箱内是否有保存完好的糖水饲料。

蜂群

4.选择合适的熊蜂进棚时间

一般选择作物5%~15%花开时为熊蜂进棚最佳时间，若放得太早，容易授粉过度，太晚影响作物授粉，同时，选择傍晚放入熊蜂，静置1小时后正确打开蜂箱口，有利于熊蜂适应大棚环境。若拿到熊蜂不是立即使用，棚外存放时间不宜超过4天，存放时注意通风。

5.选择合适的熊蜂放置位置

不同的授粉时期，熊蜂的摆放位置也不同，一般在11月至翌年3月：悬挂于棚室后墙或放置在走道处，离地面1m左右；4—10月：棚室中央靠近前通风口处，冠层下，距地面0.5m左右。或者挖0.7m深坑放入，蜂箱底部做防潮和防蚁措施；温度超过28℃，蜂箱的上部一定要加遮阳板；蜂箱开口朝南或者东南，不要把蜂箱放置在作物冠层里，进出口不能有遮。

总的原则就是冬暖夏凉，冬天要把蜂箱放到棚室最暖和的地方，夏季要放到棚室比较凉快的地方，通风较好的地方。

蜂箱不能紧邻二氧化碳发生器和加温设备；蜂箱位置确定后，不能随意更改蜂箱口朝向和蜂箱位置，避免迷巢问题。

错误的放置

简易放置方法

给蜂箱适当遮阴

6. 控制棚室内温湿度

蜂群进入棚室后，需要提供舒适的环境，熊蜂适应温度为 8~32℃，适宜温度为 12~30℃，不耐高温（花粉质量下降），所以，现在熊蜂主要应用于春季和秋冬茬作物的授粉，越夏作物用的比较少。同时，熊蜂适宜湿度在 50%~80%。

7. 注意农药的施用

（1）设施内土壤中不能使用内吸长效缓释杀虫剂。

（2）吡虫啉、噻虫嗪、氟氯氰菊酯等对蜜蜂毒性高、持效期长的药物在放蜂期间禁止使用。

（3）为保护熊蜂，放蜂 7 天前设施内不使用杀虫剂。

（4）选择对熊蜂毒性低的杀虫剂防治害虫，必须使用时要将蜂箱搬到棚外，间隔期过后再放回棚。

8. 定期检查授粉率

吻痕

一般来说放蜂后每 2~3 天检查 1 次熊蜂的授粉率。当熊蜂经过番茄花时，会使用吻将自己固定在花朵上，因此，会在花柱上留下点状棕色印记（称为"吻痕"），这是识别熊蜂授粉的主要标记。

如果有吻痕则说明花是被授过粉的，而没有吻痕则说明花是没有授过粉的。花朵授粉后，花瓣萎蔫，子房膨大。一般统计 10 朵花中，秋冬季有 70% 以上，春夏季在 80% 以上授粉，说明蜂群处于正常的状态。另外，检查吻痕的重要一点是看吻痕颜色的深浅程度，若吻痕褐色是正常的，若吻痕为黑色，则可能授粉过度了，花朵太少，这时需要将蜂箱口关一下，停 1~2 天，缓解授粉过度的问题；若检查发现授粉不足 70%，则可能授粉不足，需要再增加一箱蜂。

授粉后的花朵

如何区别熊蜂授粉的花朵和药物授粉的花呢？需要要看一下花瓣，若沾花，果实花瓣还是比较鲜艳，没有脱落，而熊蜂授粉的花，花瓣闭合、萎蔫，在果实的脐部脱落。通过观察就比较容易区分是熊蜂授粉还是药物授粉。

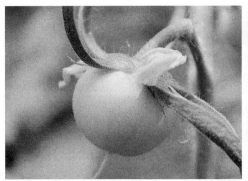

药物授粉和熊蜂授粉

9. 及时饲喂

一般购买 2 周后需要进行饲喂，将砂糖或白糖用 80℃ 左右的热水溶解，比例 1∶1，倒入蜂箱中的糖水盒或倒入一个浅盘中放在蜂箱口附近，便于熊蜂发现取食。注意盘中的糖水应 3 天左右更换 1 次，防止腐臭。另外，在糖水盘旁边放一清水盘，为熊蜂提供清水来源。

熊蜂的饲喂装置

10. 其他注意事项

因为熊蜂在棚内是需要紫外线在温室中定位和识别方向的，所以，温室不能使用紫外线阻隔膜，或遮挡 350nm 光谱的材料。

另外，蜂群对蜂箱震动、刺激性气味和浅蓝色衣服比较敏感，可能受到刺激后会出现蜇人的情况，如果被熊蜂蜇后，需要用冰袋冷敷，对于过敏体质或眼部敏感部位时，需就医服用抗过敏药物。

草莓花期比较长，一般从 10 月到翌年的 4 月，因此，需要维持长时期的

紫外线阻隔膜

蜜蜂授粉

蜂群群势。草莓花的花粉较少，基本无花蜜，单靠草莓花是不足以维持蜂群的。

花蜜是蜜蜂的能量来源，花粉是蜜蜂的蛋白质来源。有花粉和花蜜才能更好地繁育后代，若没有花蜜则影响蜜蜂的授粉行为，对蜂群的数量也有很大影响。花粉是蜜蜂个体发育的唯一蛋白来源，也是幼虫和幼年蜜蜂发育必不可少的，缺少花粉，不能培育幼虫，影响蜂群的持续发展，影响蜂群的授粉期。若蜂箱内蜂粮不足且缺少人工饲喂，则蜂群活力降低、无法正常繁衍后代，影响授粉效果。

蜜蜂的花粉

蜜蜂的花蜜

（二）草莓蜜蜂授粉技术

1.蜂群准备

一般1亩地的草莓棚室，需要蜂王1只，工蜂数量8 000只左右，4张巢脾，2张蜜脾，有幼虫，蜂群健康。而对于像昌平区等地的大棚一般400m²左右，需要蜂王1只，工蜂数量5 000~6 000只，3张巢脾，2张蜜脾，有幼虫，蜂群健康。

草莓大棚里的蜂群

蜂王是非常重要的，蜂王一定要健康，因为一个工蜂的寿命只有 40 天左右，若蜂王无法正常产卵，则蜂群无法长期保障授粉的正常进行。

A. **蜂群准备—蜂群质量**

蜂王被扣住，无法产卵

蜂王健康，可正常产卵——长期授粉工作的保障

正常的蜂王（张红供图）

工蜂的数量也非常重要，一般来说 1 张蜜脾 2 000~2 500 只的工蜂，一箱蜜蜂有四脾，也就是 8 000 只左右。

1 张蜜脾

蜂箱内有卵和幼虫，刺激工蜂采集花粉。同时，检查蜂群是否健康。

蜂群中的卵和幼虫

2.棚室准备

棚室准备

蜂巢的放入

碟子内放置草秆等，2 天换 1 次水。

放蜂前的准备跟熊蜂类似，主要是上下风口安装防虫网，蜜蜂进棚前 7 天不使用杀虫剂等。

3.蜂群的使用和管理

（1）入棚。在初花期 5% 草莓开花时入棚，傍晚放入，巢门关闭，第二天清早打开巢门（不能长时间封闭巢门）。因为长时间封闭巢门，会让蜂群的温度比较高，且蜜蜂会比较暴躁，打开巢门后会引起蜜蜂冲向棚膜等，造成蜂群损失。将蜂巢坐北朝南温室中部或做东朝西温室东部，放到高约 0.5m 支架上。

（2）饲喂管理。饲喂包括喂水、喂花粉和喂糖水等。

喂水主要是提供清洁水源，避免蜜蜂采集棚膜上的露水。若用喂水器一般放在巢门附近，若用水碟，则将

喂水（张红供图）

定期饲喂花粉是保障蜂群长期工作的重要措施。喂花粉主要是在蜂群入棚后每隔7~10天饲喂花粉，花粉是蜜蜂的蛋白质来源，可以购买商品化的花粉饼，将花粉浸泡在水中12小时，制作成花粉团，放置在巢脾上，一般在清晨或者傍晚，非活动高峰期间饲喂。

饲喂花粉

喂糖水和喂熊蜂的方法差不多，将砂糖或白糖1：1用开水溶解，待糖水温度降到40℃以下时，将溶液倒入饲喂器或浅盘中。不要用大火熬糖水。

（3）温湿度控制。棚室温度超过30℃时要及时通风降温，夜间温度低于5℃时蜂箱要采取保温措施，低温、湿度大不利于正常授粉。如遇长时间的雾霾低温天气，可考虑补充小蜂群熊蜂。因为熊蜂耐低温的能力比较强，可以在较低温度下保持工作。

（4）农药使用。硫黄熏蒸时将蜂箱搬出棚室，次日通风后放入。

喂糖水

农药的施用

病虫	发生时期	授粉期较安全	授粉期高危
叶螨	整个生育期	联苯肼酯、炔螨特、矿物油、阿维菌素	除螨灵、螺螨酯
夜蛾类	9—10月	BT	高效氟氯氢菊酯、高效氯氰菊酯、氯氰菊酯
蓟马	花期	白僵菌、绿僵菌	乙基多杀菌素

（5）正常授粉表现。一般晴天或温度高于15℃条件下，平均每1垄草莓可见2~5只蜜蜂访花，且蜂箱巢门口蜜蜂进出频繁为正常现象，若出蜂量突然减少、活动不正常，同时，排除农药影响，建议联系蜂群厂家开箱检查。

（6）注意事项。应注意在蜜蜂活动的高峰期避免开箱，同时，要做好安全防护，佩戴蜂帽；若被蜜蜂蛰，则应及时将蛰针刮出，清洗伤口，大量饮水，若过敏严重，应及时就医。

注意事项

（三）西瓜蜜蜂授粉技术

由于西瓜的花期10天左右，其授粉技术相对比较简单，但需要注意的是西瓜花的寿命较短，一般晴天早晨开放，午后闭合，称作半日花。当雌花未能授精时，次日早晨仍能开放，但以当天开放的花授粉结实率高。不能受精的雌花，会自然脱落，若遇到阴雨天气，蜜蜂不工作的时候需要进行辅助授粉。西瓜最佳授粉时间是上午7：00~10：00。

西瓜蜜蜂授粉因授粉期较短，需无病虫健康蜂群，2 脾蜂，工蜂数量 3 000~4 000 只/亩，可无蜂王（降低授粉成本），必须有幼虫脾。若没有幼虫脾，则蜜蜂进行授粉的积极性不高。在 5% 西瓜开花时放蜂，放置在棚室中央，巢门向南或东南，棚温控制在 18~32 ℃，适宜温度 22~28℃，湿度控制在 50%~80%，用糖水或清水饲喂，可以参照以上的方法。

西瓜蜜蜂授粉

由于西瓜花期短，在授粉期不建议使用农药，含有吡虫啉成分的一株一片缓释药剂禁用，蜂群入棚室 1 周内不使用杀虫剂。病虫防治需在授粉期 7 天以前开展，选择对蜜蜂低毒安全的农药种类。

四、蜜蜂授粉配套病虫防控技术

因为 75% 左右的杀虫剂对蜜蜂是剧毒、高毒农药（300 个农药制剂对蜜蜂急性经口毒性），如何实现蜜蜂授粉与病虫害的兼容？

蜜蜂授粉与病虫害防治

（一）做好源头控制—减少病虫发生（标配）

做好源头控制，需要进行棚室消毒、土壤处理和种苗预防等相结合，也就是找到病虫的源头，从根本上控制病虫害的发生。棚室消毒主要是进行高温闷棚、硫黄熏蒸、辣根素熏蒸、烟剂消毒等措施；对于土壤处理主要是添加防菌剂、高温土壤消毒、药剂土壤消毒；对于种苗预防主要是在种苗移栽前1~2天使用杀虫剂和杀菌剂喷雾预防。通过源头的控制，从源头减少病虫害的发生，所以，就会减少农药的使用。

种苗处理   棚室消毒和土壤消毒

（二）配套非药剂防治—绿色防控（配套）

进行物理隔离——防虫网等进行物理隔离，这里需要注意的是防虫网的使用一定要规范，不要留有孔隙。

防虫网

对叶螨、烟粉虱等小型害虫运用天敌防治。例如草莓上应用智利小植绥螨防治叶螨。

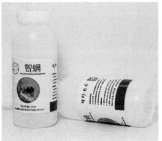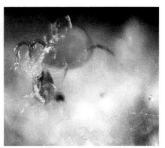

草莓上应用智利小植绥螨防治叶螨

另外，利用性诱导剂、灯诱剂、黄蓝板等，可以根据情况选择使用，如草莓—夜蛾—性诱技术。

草莓—夜蛾—性诱技术

（三）科学选用农药（配套）

若以上方法还不足以防治病虫害，就需要科学选用农药进行防治，但在使用农药时，大家经常有一个误区，即生物农药对蜜蜂都是低毒的，这其实是不对的。如下表中藜芦碱和苦皮藤素对蜜蜂都是中等风险的，这些都不建议使用。

农药安全性试验

药剂名称	试验类型	毒性	风险评估
苦参碱	经口	中毒	低风险
	接触	低毒	

（续表）

药剂名称	试验类型	毒性	风险评估
鱼藤酮	经口	中毒	低风险
	接触	低毒	
藜芦碱	经口	高毒	中等风险
	接触	高毒	低风险
苦皮藤素	经口	高毒	中等风险
	接触	高毒	低风险
蛇床子素	经口	中毒	低风险
	接触	高毒	
除虫菊素	经口、接触	低毒	低风险

另外，使用的农药需要到正规的农药经营店购买，且农药需要有三证；除草剂不能在棚室内使用；杀菌剂如代森锌授粉期严格禁用，间隔期 24 天。一般杀菌剂间隔 2~3 天。

药品名	一般防治用药及其有效成分	商品名	蜂箱移出天数	药品名	一般防治用药及其有效成分	商品名	蜂箱移出天数
灰霉病	哈茨木梅菌	特锐菌	2	早疫病	苯醚甲环唑	世高	2
	嘧霉胺	施佳乐	2		43% 戊唑醇	好力克	2
	异菌脲		2		扑海因		2
	嘧菌环胺		2		百菌清		2
	啶菌恶唑		2		40% 氟硅唑乳油	福星	2
	乙嘧酚		2		丙环唑		2
	25% 嘧菌酯悬浮剂	阿米西达	2		恶霜灵 + 代森锰锌	杀毒矾	2
	丁子香酚		2		代森锌		24
	6.5% 多霉威超细粉尘剂		2		噻唑锌		2
	50% 乙烯菌核利可湿性粉剂	农利灵	2		霜脲氰		2
	70% 丙森锌	安泰生	2				
	氟吗啉						
	65% 甲基硫菌灵—乙霉威可湿性粉剂	万霉灵	2				

不同药剂的使用

如何合理使用杀虫剂？一定要分时期、分农药，可参照下表使用，如不建议使用、苗期授粉 14 天、授粉 7 天及谨慎使用等，需要参照表格农药科学使用。

不建议使用	苗期授粉 14 天前	授粉 7 天前	花期谨慎使用	
吡虫啉（30）	溴氰虫酰胺	氯虫苯甲酰胺	苦参碱（2）	绿僵菌（2）
噻虫嗪（25）	甲氰菊酯（7）	乙基多杀菌素（5）	鱼藤酮（2）	螺虫乙酯（3）
烯啶虫胺（20）	螺螨酯（7）	氟吡呋喃酮（?）	蛇床子素	氟啶虫酰胺（2）
高效氟氯氰菊酯（30）	溴氰菊酯（7）	啶虫脒（4）	除虫菊素	
高效氯氰菊酯（30）	异丙威（7）		苏云金杆菌（2）	
氯氰菊酯（24）			甲维盐（3）	
氰戊菊酯（30）			多杀霉素（2）	
除螨灵（25）			炔螨特（2）	
阿维哒螨灵（20）			噻螨酮（2）	
淡紫拟青霉（20）			联苯肼酯（2）	
联苯菊酯（20）			哒螨灵（3）	
呋虫胺（24）			灭蝇胺（2）	
螺螨酯（20）			阿维菌素（3）	
氟啶虫胺腈			噻嗪酮（2）	
噻虫胺			吡蚜酮（2）	
阿维菌素（灌根 20）			矿物油（2）	

五、问题解答

（一）蜜蜂背上有小虫怎么回事？

有小黑点可能是蜂群不健康，一般这种小虫为螨虫，螨虫分为大螨虫和小螨虫。蜂螨对蜜蜂影响是比较大的，如果发现蜂螨建议跟商家调换蜂或者协商解决。

（二）从哪里可以购买熊蜂？

熊蜂是比较商品化的，在前边的课程中也已经讲过了，目前北京市主要有北京农之翼、比利时碧奥特、荷兰科伯特和衡水沃蜂 4 个公司提供，如果需要购买可以搜索一下相关公司进行联系，提前预订。

蜜蜂目前还没有熊蜂这么商品化，但北京市周边有很多大型的蜜蜂养殖场，如果需要大家可以联系附近的养殖场联系合作。

（三）授粉蜂的温室可以悬挂黄板吗，要注意什么问题？

若挂黄板，会伤害一些授粉蜜蜂，所以，在冬天虫子比较少的时候尽量不挂，若要挂黄板，需要注意在棚室的两个边上不要悬挂黄板，因为研究发现，这 2 个地方比较容易让蜜蜂受到伤害，其他的地方，如棚室的中间等地方可以适量悬挂一些黄板，主要用于害虫的监测。

参考文献

黄家兴，赵中华，2020.蜜蜂授粉的奥秘［M］.北京：中国农业出版社，1-10.

王烁，谢丽霞，陈浩，等，2019.6种植物源类杀虫剂对地熊蜂工蜂的室内毒力测定及风险评估［J］.湖南师范大学自然科学学报，01（43）：35-43.